前言 PREFACE ⊙

居住空间是关乎个人生活品质和生活方式的个人空间。居住空间虽小，但五脏俱全，不同的人有不同的审美，对居住空间的功能也有不同的需求。如何设计居住空间才能符合人们的需求是设计师考虑的重点，也是本书编写的根本。

本书内容紧密结合职业岗位的工作内容，目的是培养学生掌握职业岗位工作所需要的知识、能力与素质，即通过学习工作过程性知识建构专业能力、社会能力和可持续发展能力。

本书讲解力求简明扼要、深入浅出，运用大量案例阐述理论基础知识，而且案例均来自企业一线真实项目。本书具有以下特点。

1. 结构体系完整、内容全面

本书对居住空间设计的理论基础知识和设计技巧进行了系统全面的剖析。具体内容包括居住空间设计概述、居住空间设计风格、居住空间的色彩设计、居住空间的采光与照明、居住空间设计中常用装饰材料、功能空间设计、设计案例欣赏。

2. 栏目设计丰富，可读性强

本书在每个模块内容讲解前设置了"知识目标""能力目标""素质目标"，还在正文中适当插入了"知识拓展"等栏目，以拓宽学生的知识面，增加本书的趣味性和可读性。另外，本书还在前六个模块的最后安排了"课后思考与练习"，可以在检测学生对所学知识理解掌握程度的同时，促进学生将理论知识运用到实际设计中。

3. 配套资源丰富，扫码学习

本书配有丰富的微课资源、视频资源，学生借助手机等移动设备扫描二维码便可学习相关知识。与此同时，本书还提供了精美的课件、素材等教学资源。本书配套省级精品在线开放课程，参见网址：https://mooc1-1.chaoxing.com/course/202882768.html。

4. 校企合作编写教学内容

基于校企深度合作的原则，本书在项目案例、教学内容、知识和技能要求等方面紧贴行业一线，做到让学生所学即所需，学会即能用，真正实现理实一体化教学。

本书由江西应用技术职业学院凌小红和陈晨担任主编，由郭丽敏和谢京担任副主编，杜蔚苗和李亮（赣州三星装饰设计工程有限公司）也参与编写。另外，书中案例均由赣州三星装饰设计工程有限公司提供，在此表示感谢！

编者在编写本书的过程中参考了不少相关著作、教材及网站资料，在此深表感谢。由于编者水平有限，书中难免存在不妥之处，恳请广大读者批评指正。

编　者

目录 CONTENTS ●

DESIGN OF LIVING SPACE

居住空间设计

主　编　凌小红　陈　晨
副主编　郭丽敏　谢　京
参　编　杜蔚苗　李　亮

北京理工大学出版社
BEIJING INSTITUTE OF TECHNOLOGY PRESS

内 容 提 要

本书共分 7 个模块，分别从居住空间设计概述、居住空间设计风格、居住空间的色彩设计、居住空间的采光与照明、居住空间设计常用装饰材料、功能空间设计、设计案例欣赏几个方面展开，系统地讲述了居住空间设计的理论知识和设计技巧。

本书可供高等院校环境艺术设计、室内设计、建筑室内设计、建筑装饰工程技术等专业的师生使用，也可供在家装设计领域工作的相关人员使用，还可供成人教育、广大艺术设计爱好者参考。

图书在版编目（CIP）数据

居住空间设计 / 凌小红，陈晨主编 . -- 北京：北京理工大学出版社，2022.6
ISBN 978-7-5763-1394-9

Ⅰ . ①居… Ⅱ . ①凌… ②陈… Ⅲ . ①住宅－室内装饰设计 Ⅳ . ① TU241

中国版本图书馆 CIP 数据核字（2022）第 102752 号

出版发行 /	北京理工大学出版社有限责任公司
社　　址 /	北京市海淀区中关村南大街 5 号
邮　　编 /	100081
电　　话 /	（010）68914775（总编室）
	（010）82562903（教材售后服务热线）
	（010）68944723（其他图书服务热线）
网　　址 /	http：//www.bitpress.com.cn
经　　销 /	全国各地新华书店
印　　刷 /	河北鑫彩博图印刷有限公司
开　　本 /	889 毫米 ×1194 毫米　1/16
印　　张 /	7.5
字　　数 /	208 千字
版　　次 /	2022 年 6 月第 1 版　2022 年 6 月第 1 次印刷
定　　价 /	82.00 元

责任编辑 / 封　雪
文案编辑 / 毛慧佳
责任校对 / 刘亚男
责任印制 / 边心超

模块1 居住空间设计概述

1.1 居住空间设计的概念、特点、基本内容

1.1.1 居住空间设计的概念

居室是一种以家庭为对象的人居生活环境。狭义地说，它是家庭生活的标志；广义地说，它是社会文明的表现。到了现代，赖特（图 1-1）则倡导"机能决定形式"，认为人是自然的一部分，居住者应感受到充足的自然生活要素。他的代表作品流水别墅（图 1-2）很好地表达了他的居室建筑哲学。

视频：居住空间设计的认知

PPT：居住空间设计的认知

图 1-1　赖特

图 1-2　流水别墅

赖特的居室建筑哲学认为：

（1）居室的完善实质存在于内部空间，它的外观形式也应由内部空间决定。

（2）居室的结构方法是表现美的基础。

（3）居室建设地点的地形特色是居室本身特色的起点。

（4）居室的实用目标与设计形式统一，方能导致和谐。

勒·柯布西耶（图1-3）认为："居室是居住的机器。"居室设计需像机械设计一样精密准确，不仅需考虑生活上的直接实际需要，且需从更广泛的角度去研究和解决人的各种需求。诸如居室应在为人提供完善的服务的同时；也提供机能的、情绪的、心理的、经济的和社会的服务。居室的美植根在人类的需求之中。勒·柯布西耶的代表作品是巴黎郊区萨沃伊别墅（图1-4），其很好地表达了他的居室建筑哲学。

图1-3　勒·柯布西耶　　　　　　　　　　图1-4　萨沃伊别墅

1.1.2　居住空间设计的特点

（1）空间多样化。

①居住空间设计的最大特点是增加空间感。

②不同的人群有着不同的性格，不同的性格差异导致生活方式、生活习惯的差异，对居室空间的功能的需求、对空间的划分就会有所不同。

③新的风格不断出现并被人们所接受，使今天的室内设计作品多姿多彩，千变万化。

（2）色彩感情化。人们在感受空间环境的时候，首先是注意色彩，然后才会注意物体的形状和其他因素。

（3）居住空间生态化。居室空间环境直接影响人的健康，人对居室空间材料的选择、运用，采光，通风等问题非常关注。现代居室装饰崇尚返璞归真，体现人与物的本来面貌并展示人们居住环境的特点，这就使居住空间设计与装饰工艺手法上贴近自然，回归自然。

室内墙面的装饰作用是保护墙体，满足室内使用功能要求，提供美观整洁的生活环境。室内装饰墙体与人的距离较近，因此使用的装饰材料必须符合国家标准，不能含有有毒气体，也不能有异味，人接触后不能污染衣物，质地应柔和细腻。

（4）风格个性化。不同的生活背景使人的性格、爱好有很大的差异，而不同的职业、民族和年龄则形成了每个人的性格，个性的差异导致了人们设计审美意识的不同。居室空间设计在含有时代特色的同时，还要体现出与众不同的个性特点，显示出独具风采的艺术风格和魅力。

1.1.3　居住空间设计的内容

视频：居住空间设计的内容

PPT：居住空间设计的内容

　　现代居住设计的涉及面很广，但是设计的主要内容可以归纳为以下四个方面：

　　（1）居住空间组织和界面处理。居住设计的空间组织，需要对原有建筑设计的意图充分理解，对建筑物的总体布局、功能分析、人流动向以及结构体系等有深入的了解，在居住设计时对居住空间和平面布置予以完善、调整或再创造。居住界面处理，是指对居住空间的各个围合面（地面、墙面、隔断、顶棚等）的使用功能和特点的分析。居住空间组织和界面处理，是确定居住环境基本形体和线形的设计内容。

　　（2）居住视觉环境（光照、色彩和材质）的设计。居住光照是指居住环境的天然采光和人工照明的光照和光影效果，除能满足正常的工作生活环境的采光、照明要求外，还能有效地起到烘托居住环境气氛的作用。

　　（3）居住内含物（家具、陈设、灯具、绿化）的设计和选用。家具、陈设、灯具、绿化等居住设计的内容，除固定家具、嵌入灯具及壁画等与界面组合外，大部分均相对地可以脱离界面布置于居住空间里，其使用和观赏的作用都极为突出，通常它们都处于视觉中的显著位置，尤其家具还直接与人体相接触，感受距离最为接近。家具、陈设、灯具、绿化等对烘托居住环境气氛、形成居住设计风格等方面能起到了举足轻重的作用。

　　（4）空间构造与环境系统。空间构造与环境系统是居住设计功能系统的主要组成部分。两者组成了居住设计的物质基础，是满足居住功能的前提。

　　居住环境系统实际上是建筑构造中满足人的生理需求的物理人工设备与构件。环境系统是现代建筑不可或缺的有机组成部分，涉及水、电、风、光、声等多种技术领域，由采光与照明系统、电气系统、给排水系统、供暖与通风系统、音响系统、消防系统组成。

1.2　居住空间设计流程及功能组成

1.2.1　居住空间设计流程

视频：居住空间设计的流程

PPT：居住空间设计的流程

　　（1）分析阶段。

　　①客户消费心理分析。设计师必须具备有彻底打消客户疑虑、满足客户心理需求的能力。在深入分析客户的真正消费心理后，我们得出结论，他们最关心和担心的无非是以下三点：质量、价格、设计效果。

　　②家庭因素分析。设计师在与客户沟通的过程中，必须了解以下的一些基本资料，这样设计师才能够充分地了解客户的心理需求，制定出最合适的设计方案：

　　a. 家庭结构形态：新生期、发展期、老年期。

　　b. 家庭综合背景：籍贯、教育、信仰、职业。

　　c. 家庭性格类型：共同性、个别性格、偏爱、偏恶。

　　d. 家庭生活方式：群体生活、社交生活、对家务的态度和习惯。

　　e. 家庭经济条件：高、中、低收入型。

　　（2）设计阶段。设计阶段的工作重点是根据第一阶段——分析阶段所得到的资料提出各种可行性的设计构思，选出最优方案或综合数种构想的优点，重新拟定一种新的方案。接下来再进行空间与形式计划。空间计划以功能为主，形式计划以视觉表现为先，待设计计划定稿后，绘制透视效果图和详细施工图。

设计完成后需要绘制透视效果图（图1-5）或制作模型，以加强构思表现并兼作施工参考；详细施工图作为施工阶段遵循的依据。在设计、绘图、报价，与客户充分沟通，达到客户要求以后，再与其签订正式合同。注意在正式开工前，应绘制出全套施工图纸：平面布置图、顶棚平面图、立面图、剖面图、节点大样、家具详图，标准门窗及大样图，且图纸上应该有设计师、客户审核签字。

图1-5 绘制透视效果图

（3）施工阶段。施工阶段使设计阶段的构思、设想变为现实，其工作重点如下：

①根据设计计划，拟定具体施工方案，制作施工进度表。

②依据施工计划进料，雇工或招标发包，结合实际准备进行施工作业。

一般在合同签订3日后进入施工阶段，在开工当日，设计师、施工队、工长、监理和客户同时到现场进行协商洽谈、现场交底。

③施工中，需随时严格监督工程进度、材料规格、施工方法是否正确。

④如发现问题需随时纠正，涉及设计错误和施工困难的，应重新检查方案，予以修正，必要时要进行设计变更。

⑤水、电等隐蔽工程在完工后，在木工、油漆工等进行作业之前，应进行隐蔽工程验收。

⑥完工后根据合同进行竣工验收。

（4）工程保修和客户维护。目前，国家对住宅工程的保修并没有明确的规定，市场上的承诺也分为1～5年不等，但随着市场日益规范，服务体系越来越完善，这已逐渐成为必不可少的一个环节。

1.2.2　居住空间的功能组成

视频：居住空间的功能组成（一）

PPT：居住空间的功能组成（一）

居住空间基本功能有睡眠、休息、饮食、盥洗、家庭团聚、会客、视听、娱乐以及学习、工作等，这些功能因素又形成环境的静－闹、群体－私密、外向－内敛等不同特点的分区。其一般可分为群体活动空间、私密性空间、家务区域空间。

（1）群体活动空间。群体活动空间是以家庭的公共需求为对象的综合活动空间，是一个可以共享天伦之乐兼联谊情感的日常聚会的空间。它不仅可以适当地调节心情、陶冶情操，而且可以联络感情、增强幸福感。

一方面，它作为家庭生活聚集的中心，在精神上反映着和谐的家庭关系；另一方面，它还是家庭和外界交流的场所。家庭的群体活动主要由交谈、视听、阅读、就餐、户外活动、娱乐及儿童游戏等内容构成。这些活动的规律、状态由于不同的家庭结构和家庭年龄特点而表现出极大的差异。通常，从室内空间的功能上，依据不同的需求划分出的群体活动空间主要包括门厅、起居室、餐厅等。

①门厅（玄关）。门厅现在泛指厅堂的外门，也就是居室入口的一个区域。玄关作为入口的概

念，源于中国，古代中式民宅推门而见的"影壁"（或称照壁）
（图 1-6），就是现代家居中玄关的前身。

　　中国传统文化重视礼仪，讲究含蓄内敛，有一种"藏"的精
神。体现在住宅文化上的"影壁"就是一个生动写照，不但使外
人不能直接看到宅内人的活动，而且通过影壁在门前形成了一个
过渡性的空间，为来客指引了方向，也给主人营造了一种领域感。

　　门厅（玄关）为居室主入口直接通向室内的过渡性空间，
它的主要功能是家人进出和迎送宾客，也是整套住宅的屏障。

　　门厅面积一般为 2 ~ 4 m²，面积虽小，却关系到家庭生活
的舒适度、品位和使用效率。这一空间内通常需设置鞋柜、挂
衣架或衣橱、储物柜等，当面积足够时，也可放置一些植物等
陈设品。

图 1-6　影壁

视频：居住空间的功能
组成（二）

PPT：居住空间的功能
组成（二）

　　②客厅。客厅（图 1-7）是家庭群体生活的主要活动场所，是家人视听、团聚、会客、娱乐、休
闲的中心，在中国传统建筑空间中称为"堂"。在面积条件有限的情况下，客厅通常是一个功能空
间的概念。

图 1-7　客厅

　　③餐厅。餐厅是家庭日常进餐和宴请
宾客的重要活动空间，餐厅可分为独立
餐厅、与客厅相连餐厅、厨房兼餐厅几种
形式。

　　在居室整体风格的前提下，家庭用餐空
间宜采用暖色调、明度较高的色彩，使用有
空间区域限定效果的灯光、柔和自然的材
质，以烘托餐厅的特性，从而营造亲切、淡
雅、温馨的环境氛围。另外，除餐桌椅等必
备家具外，餐厅中还可设置酒具、餐具橱
柜，墙面也可布置一些装饰小品（图 1-8），
以营造就餐氛围。

图 1-8　餐厅

　　④休闲室。休闲室意指非正式的多目标活动场所，是一种兼顾儿童与成年人的兴趣需要，将游
戏、休闲、兴趣等活动相结合的生活空间，如健身、棋牌、乒乓球、编织、手工艺等项目。

　　休闲室的使用性质是对内的、非正式的、儿童与成年人并重的空间。休闲室的设计应突出居住

者的兴趣爱好，无论是家具配置、储藏安排、装饰处理都需体现个性、趣味、亲切、松弛、自由、安全、实用的原则。

（2）私密性空间。私密性空间是为家庭成员独自进行私密行为所提供的空间。它与其他空间在视觉上、空间上都没有或只有很小的连续性，保证了空间使用上的相对独立性、安全性和保密性。它能充分满足家庭成员的个体需求，既是成人享受私密权利的禁地，也是儿童健康成长的摇篮。

私密性空间主要包括卧室、子女房、书房和卫生间等。

①卧室。卧室是住宅中最具私密性和安宁性的空间，其基本功能有睡眠、休闲、梳妆、盥洗、储藏和视听等，其基本设施配备有双人床、床头柜、衣橱或专用储藏间、盥洗室、休息椅、电视柜、梳妆台等。

卧室设计是以床和床头柜为主要家具，并以此结合家庭特征展开环境的构想与设计。

一般说来，卧室的色彩处理应淡雅，色彩的明度稍低于起居室，灯光配置应有整体照明功能和局部照明，但光源倾向于柔和的间接形式，各界面的材质和造型应自然、亲切、简洁；同时，卧室的软装饰品（窗帘、床罩、靠垫、工艺地毯等）的色、材、质、形应协调统一（图1-9）。

②子女房。子女房是家庭子女成长发展的私密空间，原则上必须依照子女的年龄、性别、性格和其他特征给予相应的规划和设计。

按儿童的成长规律，子女房应分为婴儿期、幼儿期、儿童期、青少年期、青年期五个阶段。

子女房的设计应以培养下一代的成长发展为主要目的。一方面，可以为其安排舒适优美的生活场所，使他们能在其中体会亲情、享受童年，进而加强生活的信心和个人修养；另一方面，还要为其规划有益的成长环境，使他们能在其中增长智慧和学习技能（图1-10）。

图1-9　卧室

图1-10　子女房

③书房。书房是学习与工作的环境，一般附设在卧室的一角，但也有紧连卧室独立设置的。

书房的家具有写字台、电脑桌、书橱柜等；也可根据职业特征和个人爱好设置特殊用途的物品，如设计师的绘图台、画家的画架等。其空间环境的营造宜体现文化感、修养感和宁静感，形式表现上讲究简洁、质朴、自然、和谐。

④卫生间。原则上，卫生间应作为卧室的一个配套空间存在，理想的住宅应为每一室设计一卫生间，事实上，目前多数住宅无法达到这个标准。在住宅中，当有两个卫生间时，应将其中一个供主人卧室专用，另一个供其他人使用；当只有一个卫生间时，则应设置在睡眠区域的中心地点，以方便卧室中的人使用。

卫生间的基本设备有洗脸盆、浴缸（房）、净身器和坐便器。设备配置应以空间尺度和条件及活动需要为依据。由于所有基本设备皆与水有关，给水与排水系统（特别是坐便器的污水管道）

必须符合国家相关标准，地面排水斜度与干湿区的划分应妥善处理。卫生间应有通风、采光和取暖设施。在通风方面可采用窗户取得自然通风，也可用抽风机达到排气的效果。采光设计上应设置普遍照明和局部照明形式，尤其是洗脸与梳妆区宜用散光灯箱或发光平顶以取得无影的局部照明效果。在取暖方面，浴室在寒冷的冬季时还应设置电热器或电热灯等取暖设备。卫生间除基本设施外，还应配置梳妆台、浴巾与清洁品储藏柜和衣物储藏柜。此外，必须注意所有材料应有良好的防潮性能。

⑤厨房。厨房是专门处理家务膳食的工作场所，在住宅的家庭生活中占有十分重要的位置。其基本功能有储物、洗切、烹饪、备餐以及用餐后的洗涤整理等。从功能布局上可分为储物区、清洗区、配膳区和烹调区四部分。根据空间大小、结构，其组织形式有 U 形、L 形、F 形、廊形等布局方式。基本设施有洗涤盆、操作平台、灶具、微波炉、抽油烟机、电冰箱、储物柜、热水器，有些厨房还可带配备餐桌、餐椅等。

视频：居住空间的限定

PPT：居住空间的限定

■ 知识拓展

老年居住空间设计

截至 2021 年年底，中国 60 岁以上人口超过 2.5 亿，约占全国总人口的 17.9%。依照人口年龄结构的标准，中国已经进入老龄化国家的行列。随着老年人年龄的增长，如何改善室内居住空间环境与生活成为最迫切需要解决的问题。根据老人在室内所进行的行为活动，室内空间可分为门厅、起居室、卧室、厨房、卫生间等几个部分，它们之间相互穿插、关系紧密。

1. 出入口及门厅设计

老年人住宅的出入口以及过厅应具备轮椅、担架的回转空间，门厅的走道净宽度不宜小于 1 200 mm。在门厅上应留有存放衣物、换鞋专用的橱柜和凳子的空间。与来访者的对话、视觉监视服务设施应针对老年人的身高尺寸适当降低高度，并设置扶手栏杆等。为使老年人在生理机能发生衰退时也能安全行走，应去除地面高差，采用防滑地面。

2. 客厅设计

客厅应保证良好的朝南和充足的日照，使老年人能够充分享受阳光。客厅是老年人会客、娱乐和团聚等的活动空间，客厅的面积应尽可能大，能为子女团聚提供良好的空间环境。老年人住宅的客厅内设家具不宜太多，以免给老年人行动带来不便，尤其是有些行动不便或外出较少的老年人，有时会在客厅里设置一些简单的运动设施，进行简单的健身活动。

3. 卧室设计

卧室面积一定要适当加大，便于将来照顾老年人，一般卧室使用面积不小于 10 m²，以 15 ～ 20 m² 为宜。考虑坐轮椅老年人行动的尺寸，矩形居室的短边尺寸不能低于 3 600 mm。老年人的卧室应设卫生间和浴室，以便夜间使用。考虑看护者的房间应设置在老年人卧室的附近，便于安全呼叫。老年人的卧室还应与门厅、卫生间设在同一楼层里。

4. 卫生间设计

随着老年人年龄的增长，生理机能的退化，使用卫生间的频率也会明显增多，尤其是夜间的使用会有所增加，因此卫生间应尽量设置在靠近卧室的位置，一般实际使用面积不宜小于 5 m²。卫生间设计要全面考虑老年人的安全问题，坐便器高度的选择应与轮椅高度一致，一般不大于 400 mm。卫生间内的坐便器、淋浴区和盥洗区应设置安全 L 形和 U 形扶手，针对坐轮椅的老年人，安全扶手一般设置在距离地面 600 ～ 700 mm 为宜，而针对站立的老年人，安全扶手一般设置距离地面 800 ～ 1 000 mm 为宜。

◉ 课后思考与练习 ···⊙

　　请以任一住房为例，探索如何对客厅、卧室、厨房、卫生间等必备空间做出合理规划，然后以满足居住者的使用需求为出发点来实现成熟且理性的设计。

模块2 | 居住空间设计风格

掌握居住空间设计的风格，了解每种风格的特点。

在实际设计中灵活运用各种居住空间设计风格。

通过学习居住空间设计风格，学生能够形成良好的设计素养，并培养出较强的职业能力。

2.1 居住空间设计的传统风格

居住空间设计的传统风格是指具有历史文化特色的一种风格。传统风格一般相对现代主义而言，强调历史文化的传承、人文特色的延续。传统风格即一般常说的中式风格、欧式风格、日式风格、伊斯兰风格、地中海风格等。同一种传统风格在不同的时期、地区表现出的特点也不完全相同。

视频：居住空间设计的风格（一）

2.1.1 古典欧风

古典欧风（典型的古典欧式风格），以华丽的装饰、浓烈的色彩、精美的造型达到雍容华贵的装饰效果。欧式客厅顶部喜用大型灯池，并用华丽的枝形吊灯营造气氛；门窗上半部多做成圆弧形，并用带有花纹的石膏线勾边；室内有真正的壁炉或假的壁炉造型；墙面用高档壁纸或优质乳胶漆，以烘托豪华效果。古典欧式风格一般可以分为六种风格：罗马风格、哥特风格、文艺复兴风格、巴洛克风格、洛可可风格、新古典主义风格（图2-1~图2-3）。

PPT：居住空间设计的风格（一）

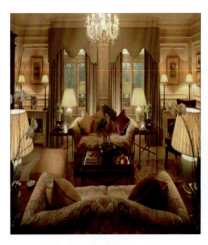  

图 2-1　古典欧风（一）　　　　图 2-2　古典欧风（二）　　　　图 2-3　古典欧风（三）

2.1.2　简欧风

　　简欧风（简欧风格）是欧式风格的一种，以浅色为主、深色为辅，多以象牙白为主色调。

　　相对于拥有浓厚欧洲风味的欧式装修风格，它的设计风格其实是经过改良的古典欧式风格。欧洲文化丰富的艺术底蕴，开放、创新的设计思想及其尊贵的姿容，一直以来颇受众人喜爱与追求。新古典风格从简单到繁杂、从整体到局部，精雕细琢，镶花刻金都给人一丝不苟的印象。简欧风格一方面保留了古典欧风材质、色彩的大致风格，可以很强烈地感受传统的历史痕迹与浑厚的文化底蕴；同时又摒弃了过于复杂的肌理和装饰，简化了线条（图 2-4）。

图 2-4　简欧风

2.1.3　简中风

　　简中风（简式中国风格）是中国传统风格文化意义在当前时代背景下的演绎；是对中国当代文化充分理解基础上的当代设计。

　　简中风不是纯粹的元素堆砌，而是通过对传统文化的认知，将现代元素和传统元素结合在一起，以现代人的审美需求来打造富有传统韵味的事物，让传统艺术的脉络传承下去（图 2-5 ～图 2-7）。

图 2-5　简中风（一）　　　　图 2-6　简中风（二）　　　　图 2-7　简中风（三）

2.1.4 日本风

日本风（日式设计风格）受日本和式建筑的影响，讲究空间的流动与分隔，流动则为一室，分隔则分几个功能空间，空间中总能让人静静地思考，禅意无穷。采用歇山顶、深挑檐、架空地板、室外平台、横向木板壁外墙，桧树皮葺屋顶等，外观轻快洒脱。

图 2-8 日本风

传统的日式家居将自然界的材质大量运用于居室的装修、装饰，不推崇豪华奢侈、金碧辉煌，以淡雅节制、深邃禅意为境界，重视实际功能。

日本风特别能与大自然融为一体，借助外在的自然景色，为室内带来无限生机，选用的材料也特别注重自然质感，以便与大自然合为一体（图 2-8）。

2.1.5 地中海风格

地中海风格的建筑特色是拱门、半拱门、马蹄状的门窗，塑造室内的景中窗是地中海风格家居的一个特色。地中海风格所表现的是西班牙蔚蓝色的海岸与白色沙滩；希腊的白色村庄在碧海蓝天下的梦幻美景；南意大利的向日葵花田流淌在阳光下的金黄；法国南部薰衣草飘来的蓝紫色香气；北非特有沙漠及岩石等自然景观的红褐、土黄的浓厚色彩组合。

地中海风格按照地域自然出现了三种典型的颜色搭配：

蓝与白：这是比较典型的地中海颜色搭配。

黄、蓝紫和绿：南意大利的向日葵、南法的薰衣草花田，金黄和蓝紫的花卉与绿叶相映。

土黄及红褐：这是北非特有的沙漠、岩石、泥、沙等天然景观颜色。

地中海风格的家具尽量采用低彩度、线条简单且修边浑圆的木质家具；地面多铺赤陶或石板；马赛克镶嵌、拼贴在地中海风格

图 2-9 地中海风格（一） 图 2-10 地中海风格（二）

中算较为华丽的装饰，其主要利用小石子、瓷砖、贝类、玻璃片、玻璃珠等素材，切割后再进行创意组合。

在室内，窗帘、桌巾、沙发套、灯罩等均以低彩度色调和棉织品为主，素雅的小细花条纹格子图案是其主要的样式。独特的锻打铁艺家具，小巧可爱的绿色盆栽也很常见（图 2-9 和图 2-10）。

2.1.6 田园风

田园风（田园风格）是指表现田园气息的一种风格。具体表述为以田地和园圃特有的自然特征为形式手段，能够表现出带有一定程度农村生活或乡间艺术特色，表现出自然闲适的内容的作品或流派。

2.1.7　法式风格

法式风格讲究将建筑点缀在自然中，在设计上讲求心灵的回归感，带给人一种扑面而来的浓郁自然气息。开放式的空间结构、随处可见的花卉和绿色植物、雕刻精细的家具，这一切在整体上营造出了一种典雅气质。

形式上：贵族风格，高贵典雅，恢宏的气势。

色彩上：多以米白色等浅色为主。

造型上：突出轴线的对称，屋顶上多有精致的老虎窗。

材料上：细节处理上运用了法式廊柱、雕花、线条，制作工艺精细考究。

法式风格适合时尚、高雅，对品质要求较高的人士，没有太多年龄限制（图 2-11 和图 2-12）。

图 2-11　法式风格（一）　　　　　　图 2-12　法式风格（二）

2.2　居住空间设计的现代风格

2.2.1　现代风格

现代风格即现代主义风格。现代风格起源于 1919 年成立的包豪斯（Bauhaus）学院，强调突破旧传统，创造新建筑；重视功能和空间组织，注意发挥结构本身的形式美，造型简洁，崇尚合理的构造工艺；尊重材料的性能，讲究材料自身的质地和色彩的配置效果；发展了非传统的以功能布局为依据的不对称的构图手法；重视实际的工艺操作，强调设计与工业生产的联系。

现代风注重几何线条修饰，色彩明快跳跃，外立面简洁流畅，以波浪、架廊式挑板或装饰线、带、块等异型屋顶为特征，立面立体层次感较强，外飘窗台、外挑阳台或内置阳台合理运用色块、色带处理。

现代风以体现时代特征为主，没有过多的装饰，一切从功能出发，讲究造型比例适度、空间结构图明确美观，强调外观的明快、简洁。其体现了现代生活快节奏，具有简约和实用的特点，同时又富有朝气的生活气息（图 2-13）。

图 2-13　现代风

2.2.2　北欧风格

北欧风格是指北欧的挪威、芬兰、瑞典、丹麦、冰岛等国的艺术设计风格。北欧风格一般可以分为两种：一种是充满现代造型线条的现代风格；另一种则是崇尚自然、乡间质朴的自然风格。

形式上：人与自然的有机的、科学的结合。

色彩上：白色、黑色是常见的主色调。

造型上：注重功能，减法设计，线条简练。

材料上：采用石材拼花，用石材天然的纹理和自然的色彩来修饰人工的痕迹。

北欧风格适合有一定经济基础，年龄为 25 ～ 35 岁，年轻且时尚的公司白领（图2-14和图2-15）。

图 2-14　北欧风格（一）

图 2-15　北欧风格（二）

视频：居住空间设计的风格（二）

PPT：居住空间设计的风格（二）

2.2.3　现代中式风格

现代中式风格更多地利用了后现代手法，把传统的结构形式通过重新设计组合以另一种民族特色的标志符号出现。

空间上：讲究层次，多用隔窗、屏风来分割。

造型上：讲究对称，家具多以对称形式陈设。

色彩上：讲究对比，装饰品以黑、金属色为主色调。

材料上：以木材为主实木做出框架，固定支架，中间用棂子雕花，做成古朴的图案，图案多为龙、凤、龟、狮等，精雕细琢、瑰丽奇巧。

现代中式风格将现代的线条感与中式温文尔雅的气质相结合，很好地迎合了高端人群的生活哲学，并逐渐成为中国元素应用的主流风格，易被30 ~ 40岁高知群体偏爱（图2-16和图2-17）。

图 2-16　现代中式风格（一）　　　　　图 2-17　现代中式风格（二）

● 课后思考与练习 ···○

简述中式风格和西式风格的异同。

模块3 | 居住空间的色彩设计

1. 了解色彩的基本概念与作用。
2. 掌握居住空间色彩的分类与设计要点。
3. 掌握居住空间色彩设计的设计方法。

能力目标

1. 能够根据空间功能合理地进行居住空间的色彩设计。
2. 能够根据不同风格定位进行色彩搭配。
3. 能够从理性层面上去分析色彩、运用色彩，提升空间的品位与气氛，进而设计出更为合理的居住空间色彩。

素质目标

通过学习居住空间的色彩，学生具备一定的空间色彩鉴赏与设计能力。

3.1 ⚪ 色彩的基本概念与作用

3.1.1 色彩的基本概念

1. 色彩的来源

色彩产生于光波，光波是一种特殊的电磁能。人眼所能看到的光波波长为 400 ～ 780 nm，称为可见光。当光刺激到人的视网膜时形成了色觉，因此人们通常见到的物体颜色是指物体的反射光色，没有光也就没有色彩。自然界中并不存在纯白与纯黑的物体，也不存在完全反射或完全吸收所有光色的物体，物体对光色的反射和吸收是相对的，它们除大部分反射或吸收某种光色外，又往往少量反射或吸收其他光色。

2. 色彩的三要素

明度、色相、纯度称为色彩的三要素。

PPT：色彩的三属性

（1）色相（色相环如图3-1所示）。色相指色彩的相貌，是区别色彩种类的名称，即不同波长的光给人的不同的色彩感受。红、橙、黄、绿、蓝、紫等每个都代表一类具体的色相，它们之间的差别就属于色相差别。上述六个标准色相与红橙、橙黄、黄绿、蓝绿、蓝紫和红紫组成十二色相，这十二色相以及它们调和变化出来的大量色相称为有彩色；黑、白为色彩中的极色，与介于黑白之间的中灰色统称为无彩色；金、银光泽耀眼，称为光泽色。

图3-1　色相环

（2）明度（明度等级如图3-2所示）。明度指色彩的明暗程度。明度是全部色彩都具有的属性，任何色彩都可以还原为明度关系来思考，明度关系可以说是搭配色彩的基础，明度最适于表现物体的立体感与空间感。

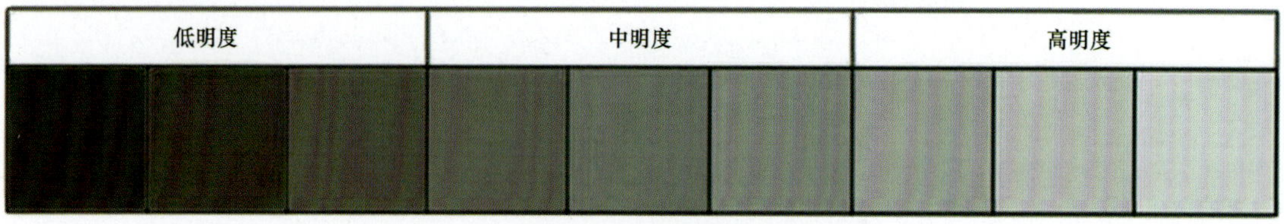

低明度	中明度	高明度

图3-2　明度等级

（3）纯度（纯度对比如图3-3所示）。纯度是指色彩的纯净程度，也可以说是色相感觉鲜艳的程度。因此其还有艳度、浓度、彩度、饱和度等说法。标准色纯度最高，既不掺白色也不掺黑色。在标准色中加白色，纯度降低，明度提高；在标准色中加黑色，纯度降低，明度也降低。

图3-3　纯度对比

3. 色彩的混合

（1）原色。物体的颜色是多种多样的，大多数颜色可用红、黄、蓝三种颜色调配出来。所以红、黄、蓝三种颜色称为三原色（图3-4）或第一次色，三原色不能用其他颜色调配出来。

（2）间色（图3-5）。由两种原色调配而成的颜色称为间色或第二次色，共三种，即橙＝红＋黄；绿＝黄＋蓝；紫＝红＋蓝。

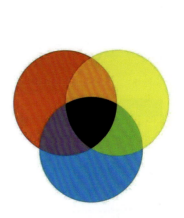

图 3-4　三原色

图 3-5　间色

（3）复色（图 3-6）。由两种间色调配而成的颜色称为复色或第三次色，主要复色有三种，即橙绿＝橙＋绿；橙紫＝橙＋紫；紫绿＝紫＋绿。每一种复色中都同时含有红、黄、蓝三种原色，因此，复色也可以理解为是由一种原色和不包括这种原色的间色调成的。调整三原色在复色中所占的比例，可以调出众多的复色。与间色和原色相较，复色含有灰的元素，所以较浑浊。

（4）补色（图 3-7）。一种原色与另外两种原色调成的间色互称补色或对比色，如红与绿（黄＋蓝）；黄与紫（红＋蓝）；蓝与橙（红＋黄）。从十二色相的色环看，处于相对位置和基本相对位置的色彩都有一定的对比性，以红色为例它不仅与处在它对面的绿色互为补色，具有明显的对比性，还与绿色两侧的黄绿色和蓝绿色构成某种补色关系，表现出一定的一冷一暖、一明一暗的对比性。

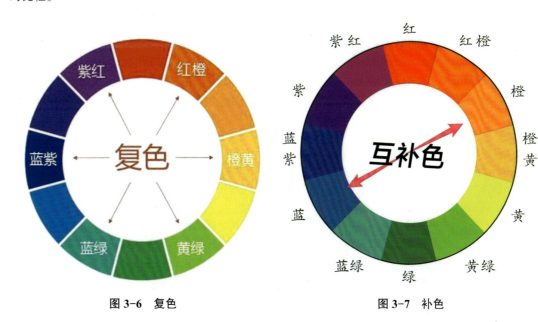

图 3-6　复色

图 3-7　补色

3.1.2　色彩的作用

色彩是设计中最具表现力和感染力的因素，通过人们的视觉感受产生一系列的生理、心理和类似物理的反应，形成丰富的联想、深刻的寓意和象征。在室内环境中色彩主要应满足其功能和精神需求，目的在于使人们感到舒适。色彩本身具有一些特性，在室内设计中充分发挥和利用这些特性，将会展现设计迷人的魅力，并使室内空间大放异彩。

1. 色彩的物理效应

色彩的视觉效果反应在物理性质方面，如温度、距离、重量、尺度等，色彩的物理效应在室内设计中得到广泛的应用。

（1）温度感。在色彩学中，把不同色相的色彩分为暖色、冷色和温色，从红紫、红、橙、黄到黄绿色称为热色，以橙色为最暖。从蓝紫、蓝到蓝绿色称为冷色，以蓝色为最冷。紫色是红与蓝色混合而成，绿色是黄与蓝混合而成，因此是温色。这和人类长期的感觉是一致的，如红色、黄色，让人仿佛看到太阳、火、炼钢炉等，感觉火热（图3-8）；而蓝色、绿色，让人仿佛看到江河湖海、绿色的田野、森林，感觉凉爽（图3-9）。

图 3-8　暖色调空间带给人温馨感　　　　图 3-9　冷色调空间带给人清爽感

（2）距离感。色彩可以使人产生进退、凹凸、远近的不同视觉效果，一般暖色系和明度高的色彩具有前进、凸出、接近的视觉效果，而冷色系和明度较低的色彩具有后退、凹进、远离的视觉效果。室内设计中常利用色彩的这些特点去改变空间的视觉效果（图3-10）。例如，当居室空间过高时，可用近感色，减弱空旷感，提升亲切感；当墙面过大时，宜采用收缩色；当柱子过细时，宜采用浅色；当柱子过粗时，宜用深色，从而减弱笨粗之感。

图 3-10　顶棚太低——用白色在视觉上提升顶棚的高度

（3）重量感。色彩的重量感主要取决于明度和纯度。高明度和高纯度的色彩显得轻快，如桃红色、浅黄色；而低明度、低纯度的色彩则会令人产生沉稳、稳重的感觉，如墨绿色、深蓝色（图3-11和图3-12）。在室内设计的构图中常以此来达到平衡和稳定的需要，或者表现性格的需要，如轻快、庄重等。

图 3-11　高明度色彩的空间

图 3-12　低明度色彩的空间

（4）尺度感。色彩对物体大小的视觉作用，包括色相和明度两个因素。暖色和明度高的色彩具有扩散作用，因此物体显得大；而冷色和暗色具有内聚作用，因此物体显得小。不同的明度和冷暖有时也通过对比作用显示出来，室内不同家具、物体的大小和整个室内空间的色彩处理有密切的关系，可以利用色彩来改变在视觉上物体的尺度、体积和空间感，使室内各部分之间关系更为协调。

2. 色彩对人的生理和心理反应

色彩的直接心理反应来自色彩的物理光刺激对人的生理发生的直接影响。心理学家对此曾做过许多实验，他们发现，在红色环境中，人的脉搏会加快，血压有所升高，情绪兴奋冲动；而处在蓝色环境中，人的脉搏会减缓，情绪也较沉静。有的科学家发现，色彩能影响脑电波，脑电波对红色反应是警觉，对蓝色的反应是放松。

在居室中，人们对家居色彩的选择，往往只注意营造室内的和谐情调，而很少把家居色彩与身心健康联系起来，其实色彩对身心健康的影响是很大的，这与人们对色彩的联想密切相关（表3-1）。

表 3-1　人们对色彩的联想

颜色	抽象联想	具体联想
红	热情、革命、危险	火、血、口红、苹果
橙	华美、温情、嫉妒	橘子、柿子、秋天
黄	光明、幸福、快乐	阳光、柠檬、香蕉
绿	和平、安全、成长	树叶、田园、森林
蓝	沉静、理想、悠久	天空、海、南国
紫	优美、高贵、神秘	紫罗兰、葡萄
白	洁白、神圣、虚无	雪、砂糖、白云
灰	平凡、忧郁、忧恐	阴天、老鼠、铅
黑	严肃、死灰、罪恶	夜晚、墨水、煤炭

PPT：色彩的联想与象征

红色是一种较具刺激性的颜色，它给人以燃烧和热情感。但不宜接触过多，过多凝视大红颜色，不仅会影响视力，而且易产生头晕目眩。心脑病患者一般禁忌红色。

橙色能产生活力，诱发食欲，是暖色系中的代表色彩，同样也是代表健康的色彩，也含有成熟与幸福之意。

黄色是人出生最先看到的颜色，是一种象征健康的颜色，之所以显得健康明亮，因为它是光谱中最易被吸收的颜色。其双重功能表现：对健康者具有稳定情绪、增进食欲的作用；对情绪压抑、悲观失望者则会加重这种不良情绪。

绿色是一种令人感到稳重和舒适的色彩，具有镇静神经、降低眼压、缓解眼疲劳、改善肌肉运动能力等作用，所以绿色系很受人们的欢迎。自然的绿色还对晕厥、疲劳、恶心和消极情绪有一定的缓解作用。但长时间处在绿色的环境中，人易感到冷清，影响胃液的分泌，食欲减退。

蓝色是一种令人产生遐想的色彩，但它也是相当严肃的色彩。这种强烈的色彩，在某种程度上可隐藏其他色彩的不足，是一种搭配方便的颜色。蓝色具有调节神经、镇静安神的作用。蓝色的灯光在治疗失眠、降低血压和预防感冒中有明显作用。有人戴蓝色眼镜旅行，可以减轻晕车、晕船的症状。蓝色对肺病和大肠疾病有辅助治疗作用；但患有精神衰弱、忧郁病的人不宜接触蓝色，否则会加重病情。

紫色代表浪漫、珍贵、富贵，神秘感十足。

白色能反射全部的光线，具有洁净和膨胀感。所以在居家布置时，如空间较小，可以白色为主，使空间增加宽敞感。白色对易动怒的人可起调节作用，有助于保持血压正常；但对患孤独症、精神忧郁症的患者则不宜在白色环境中久住。

灰色是一种极为随和的色彩，具有与任何颜色搭配的多样性。所以在色彩搭配不合适时，可以用灰色进行调和。

黑色高贵并能隐藏缺陷，它适合与白色、金色搭配，起到强调的作用，使白色、金色更为耀眼。黑色具有清热、镇静、安定的作用，对激动、烦躁、失眠、惊恐的患者起恢复安定的作用。

■ 小提示

据世界卫生组织统计，患强迫症、焦虑症、恐惧症等心理疾病的人数每年都在增加，抑郁症已成为世界第四大疾患。随着社会竞争的日益激烈，工作、生活等方面的压力增大，我国城市人口中高达 70% 的人已处于亚健康状态。为有效地缓解心理压力，除采取常规的心理健康疗法之外，有关专家提出了"色彩力"决定"健康力"的新概念，即色彩对心理健康的影响力不容忽视。

19 世纪中叶以后，心理学已从哲学转入科学的范畴，心理学家注重实验所验证的色彩心理的效果。生理心理学表明感受器官能把物理刺激能量，如压力、光、声和化学物质，转化为神经冲动，神经冲动传到大脑而产生感觉和知觉，而人的心理过程，如对先前经验的记忆、思想、情绪和注意集中等，都是大脑较高级部位以一定方式所具有的机能，它们表现了神经冲动的实际活动。费厄发现：肌肉的机能和血液循环在不同色光的照射下发生变化，蓝光最弱，随着色光变为绿、黄、橙、红而依次增强。库尔特·戈尔茨坦对有严重平衡缺陷的患者进行了实验，当给其穿上绿色衣服时，其走路显得十分正常；而当穿上红色衣服时，其几乎不能走路，并处于随时摔倒的危险之中。

■ 知识拓展

视频：家居中的无彩色运用

PPT：家居中的无彩色运用

居室空间颜色搭配技巧

1. 一个空间内的颜色数量不宜过多

家装的空间是会受颜色搭配限制的，那么在选择颜色时，一定要控制好颜色的种类。一般控制在三种内，特别是小户型装修，如果使用的颜色种类太多，则显得整个房间很混乱；如果想要更加个性一点，可以将黑白与暖色进行搭配，这样就可以让房屋变得更有活力；如果喜欢冷色系，黑白灰也是不错的选择。

2. 根据空间朝向挑选颜色

房屋的朝向、采光和通风这些都是会互相影响的，所以也会给居住的人带来不一样的感觉，所以在装修时，一定要根据空间的朝向来选择色彩。比如，朝东的房间，阳光不太充足，会比较暗一些，建议用浅暖色进行装饰；朝西的房子阳光比较充足，建议选择冷色系来装饰。

3. 根据空间功能挑选颜色

家装选色不但可以带来比较好的视觉效果，还能够划分功能区。如客厅，使用率相对高一些，客厅用来招待客人，所以可以选择大家都能接受的色彩，比如象牙白、浅蓝等，这些色彩能够起到放松的作用，还可以展现主人的个性。而餐厅的颜色就可以选择鲜艳明亮的，使人们在用餐时更加有食欲。

3.2 居住空间色彩的分类与设计要点

3.2.1 居住空间色彩的分类

居住空间的色彩可分为背景色、主体色和强调色三种类型。其中，背景色是指空间界面的色彩；主体色是指家具的色彩；强调色主要指织物、陈设和绿化的色彩。

1. 背景色

背景色（图 3-13）是占有较大面积的色彩，是居住空间色彩设计时首先要考虑的对象。其主要包括墙面、顶棚和地面的色彩，作为大面积的色彩，对其他室内物件起衬托作用。

2. 主体色

在背景色的衬托下，以在室内占有主要地位的家具为主体色（图 3-14）。主体色主要指家具的色彩（如橱柜、梳妆台、床、桌、椅、沙发等家具的色彩）。主体色最大的特

图 3-13　背景色

点为：首先，在居住空间的色彩中占有主要地位，控制色彩的总体效果，主导室内色彩风格；其次，主体色与背景色关系密切，可呼应、也可对比。

3. 强调色

强调色主要包括织物色彩、陈设色彩、绿化色彩（图 3-15 ～ 图 3-17）。强调色可以作为室内色

彩的点缀，为打破单调的室内色彩环境，强调色常选用与背景色对比较明显的颜色，是室内面积小但是重点装饰和点缀的非常重要的色彩。

图 3-14 主体色

图 3-15 织物色彩

图 3-16 陈设色彩

图 3-17 绿化色彩

视频：家居的配色原则

PPT：家居的配色原则

3.2.2 居住空间色彩的设计要点

1. 主调要明确

居住空间色彩设计首先要确定主调。室内色彩应有主调或基调，空间的冷暖、性格、气氛（希望通过色彩达到怎样的氛围，是典雅还是华丽，安静还是活跃，纯朴还是奢华）都通过主调来体现（图 3-18）。

作为主调，应占有较大比例，次调作为与主调搭配，只占小的比例。主调的选择是一个

图 3-18 明确主调

决定性的步骤，因此必须与空间的主题十分贴切。用色彩语言来表达不是很容易的，要在许多色彩方案中，认真仔细地去鉴别和挑选。

2. 大部位色彩要统一协调

主调确定以后，就应考虑色彩的施色部位及其比例分配（图3-19）。色彩的统一可以采取限定选用材料来获得。例如可以用大面积木质地面、墙面、顶棚、家具等；也可以用色、质一致的蒙面织物来装饰墙面、窗帘、家具等。某些物品，如花卉盛具和某些陈设品，还可以采用套装来获得材料的统一。

图 3-19 色彩的施色部位及其比例分配

视频：居住空间的色彩设计

PPT：居住空间的色彩设计

3. 加强色彩的魅力

背景色、主体色、强调色三者之间的色彩关系并非孤立的、固定的，如果机械地理解和处理，必然导致千篇一律、单调乏味。

（1）色彩的重复或呼应（图3-20）。色彩的重复或呼应，即将同一色彩用在关键性的几个部位，使其成为控制整个室内的主体色。例如用相同色彩的家具、窗帘、地毯，使其他色彩居于次要的、不明显的地位。同时，也能使色彩之间相互联系，色彩上取得彼此呼应的关系，形成一个多样统一的整体，从而取得视觉上的联系并唤起视觉的运动。

图 3-20 色彩的重复或呼应

PPT：色彩的配色与调和

（2）布置成有节奏的连续（图3-21）。色彩的有规律布置，容易引起视觉上的运动，或称色彩的韵律感。其不一定用于大面积布置，也可用于位置接近的物体上。例如在一组沙发、一块地毯、一个靠垫、一幅画或一簇花上；因都有相同的色块而产生联系，从而使室内空间物与物之间的关系像"一家人"一样，显得更有内聚力，如墙上的组画、椅子的坐垫、瓶中的花等。

（3）使用色彩对比（图3-22）。色彩由于相互对比而得到加强，通过对比，各种色彩更加鲜明，从而加强了表现力。

图 3-21 布置成有节奏的连续

图 3-22 使用色彩对比

总之，解决色彩之间的相互关系，是色彩构图的核心。室内色彩可以统一划分成许多层次，色彩关系随着层次的增加而复杂，随着层次的减少而简化，不同层次之间的关系可以分别考虑为背景色和重点色。

■ **知识拓展**

居室空间色彩需求

居住空间中不同的使用者（如老年人、儿童、青年人），对色彩的要求有很大的区别，色彩应适合居住者的特性和爱好（图3-23）。儿童房，因为小孩天性活泼，在颜色的选择上以斑斓的色彩来丰富儿童的生活。一般儿童喜爱的颜色是单纯而鲜明的，如红、黄、蓝等。成年人可能会觉得这些颜色太鲜艳，但对培养儿童乐观进取、奋发的心理素质及坦诚纯洁、活泼的性格是有益的。与儿童房的色彩斑斓相比，老年人房要求更多的是一些稳重的色彩，主要是由于老年人的视力不太好，对颜色的敏感性减弱，如果色彩太"轻"，则会产生轻飘、看物体不准确等感觉。但如果老年人的心情有些郁闷，则可考虑用少量橘黄色作为点缀，帮助调节老年人的心情。如稳重、沉着、典雅的深咖啡色、深橄榄色；单纯平和的茶色系与奶色系；雅致清爽的淡茶色系与灰色系都比较适用老年人房。而比较多样化的色彩是属于青年人的。青年人喜好较多，大多追求性格的张扬，他们要求突出自我，让人感觉到他们的时代气息。所以只要不太怪异，色彩都可以按照他们自己的个性随心所欲地搭配。

图 3-23　不同使用者对空间色彩的选择与要求

3.3　居住空间色彩设计的方法

3.3.1　居住空间色彩设计程序

1. 确定色彩主基调

在设计方案构思阶段应该完成确定色调的工作。色彩主基调要根据室内设计的风格及所要表达的室内空间气氛来决定。装饰材料的质地、尺度、表面光洁程度等对色彩主基调的选择有一定的影响。照明的不同选择同样会给室内色彩主基调的确定带来影响，这主要表现在不同光源的光色对色彩的影响；还有不同光照位置对所照射物的影响。

2. 色彩选择的步骤

（1）室内界面色彩设计。在色彩设计中，可以先从各界面的色相开始，再确定各界面之间的明度关系。一般情况下，地面的明度最低，以达到使室内稳定的效果；墙面次之；顶棚的明度最高，以达到明朗、开阔的效果，可以避免空间显得头重脚轻。

（2）室内家具色彩设计。家具色彩设计可以和界面色彩设计同时进行或稍后进行，其应在色相、明度上与室内色彩相协调。

（3）室内陈设色彩设计。陈设品在室内所占的比重越来越大，因此设计中不但要在线形体量选择上多下功夫，而且还要在色彩设计上深入推敲，以达到丰富室内色彩的目的。

3.3.2　具体部位色彩选择

1. 地面色彩

地面色彩宜采用低明度、低纯度的颜色，这样可以使室内具有稳定感。

2. 顶棚色彩

顶棚色彩宜采用高明度的颜色，这是由于浅色调的顶棚可以给人带来轻盈、开阔、不压抑的感受。但这并不是顶棚色彩设计的全部，设计师可以打破惯性思维，用个性化的设计理念去为个性化的用户服务。

3. 墙面色彩

选择室内墙面色彩时纯度不宜过大，否则使室内色彩过艳，但室内局部造型墙面例外。多数的设计选用淡雅、柔和的灰色调，也可以考虑洁白的高调，这样的色彩容易与其他界面以及陈设的色彩相协调。墙面色彩设计还要重点考虑家具，因为家具的尺寸较大，所以在配色时应着重考虑与家具色彩的协调与反衬。墙面色彩的选定，还要考虑到环境色调的影响。例如，朝北的房间由于常年不见阳光，宜选用中性偏暖的色彩。

4. 家具色彩

选择家具色彩时，应考虑家具的材质及整个室内的色彩环境。从家具设计本身来看，浅色调意味典雅，灰色调意味庄重，深色调意味严肃，原木色调则给人一种自然之感。室内环境色彩也左右着家具的色彩，在浅色调为背景的室内可适当选用深灰色调的家具，虽色彩明度有对比，但整体色彩效果协调，反之亦然。另外，选择家具色彩时还应考虑使用者的年龄、职业、爱好等因素。

5. 门、窗色彩

门的色彩选择应结合墙面色彩考虑。通常情况下，门和墙面的色彩在明度上是对比关系，以突出门作为出入口的功能。作为门整体的一部分，门套的材料和色彩也应和门相协调，这样才能使门更生动、更具艺术性。窗的材料如选用木材，其色彩处理方法可以用门来作参考，当选用铝合金或塑钢窗时，窗框的色彩已经固定，实践中可多在窗套设计上下功夫，窗套的材料、色彩选择可参考门套等其他构件材料色彩而定。

6. 踢脚板色彩

踢脚板色彩和选材有直接关系。有墙裙的踢脚板选材和墙裙一致；没有墙裙的踢脚板常选择和地面材料一致的材质。如果木墙裙的踢脚板也为木质，其色彩应和墙裙保持一致；无墙裙的墙面及石材地面，其踢脚板可选用石材，其色彩可考虑与石材地面的色彩一致，或选择与石材色彩协调的其他色彩。

⊙ **课后思考与练习** ·· ⊙

1. 不同的色彩给人的心理、生理带来什么影响？请选择身边的案例进行分析。

2. 根据自己喜好，挑选 10 张室内设计图进行色彩分析，指出其运用到的色彩原理，明确提出优点、缺点及改进方法。

3. 根据自己的经验与喜好，对指定空间进行色彩设计，并提供图稿与设计说明。

模块4 | 居住空间的采光与照明

知识目标

1. 了解居住空间的采光类型。
2. 了解居住空间的建筑化照明。
3. 了解居住空间照明设计的要点。

能力目标

掌握居住空间的采光设计，照明灯具搭配。

素质目标

1. 培养学生的工匠精神。
2. 培养学生的创新能力。
3. 培养学生的团队协作和团队互助的意识。

4.1 居住空间的采光类型

室内照明的设计应尽量采用自然光线。一方面，自然光线的利用能够节约能源，符合可持续发展的要求；另一方面，自然采光在视觉上更符合人类的眼睛结构，同时室外的景色也能够缓解人的紧张情绪，调节人的心理。

视频：居住空间的采光类型

4.1.1 自然光环境

按照不同的采光部位和采光形式，室内的自然采光方式有：窗采光、墙采光、顶棚采光、技术辅助采光——光导照明几种。

PPT：居住空间的采光类型

4.1.2 人工光环境

室内人工照明大致可分为工作照明与艺术照明两种（图4-1和图4-2）。工作照明多从功能方面考虑，以满足视觉工作要求为主；而艺术照明旨在提高室内的艺术环境观感。

图 4-1　工作照明　　　　　　　　　　　　图 4-2　艺术照明

（1）人工光源的类型。一般将其分为固体放电光源和气体放电光源两大类。

（2）人工照明的方式。

①直接照明：光线直接照射物体。

②半直接照明：60％左右的光线直接照射物体，其余的光线通过半透明的灯罩散射在四周。

③间接照明：遮蔽的光源射向墙或顶，反射于三面或四周空间，使光线柔和。其通常有两种处理方法：一种将不透明的灯罩安在灯泡下部，光线射向平顶或其他物体上反射成间接光线；一种把灯泡设在灯槽内，光线从平顶反射到室内成间接光线。这种照明方式通常和其他照明方式配合使用。

④半间接照明：与半直接照明相反，把大部分光射向墙面与顶面形成反射，少部分光通过半透明的灯罩向四周散射。半间接光的亮度均匀，阴影不明显，如壁灯。

⑤漫射照明方式：是利用灯具的折射功能来控制眩光，将光线向四周扩散漫射。这类照明光线性能柔和，视觉舒适，适合在卧室使用。

▊ 小提示

装修时要尽量考虑使用浅色系的地板、瓷砖等装修材料，这样的材料具有反光感，能够调节居室暗沉的光线。深色系并不是一定不能在小户型空间中使用，在局部使用深色系可以起到强调作用，它与浅色系的强弱对比可以增加空间的层次感。

视频：居住空间的建筑
化照明

PPT：居住空间的建筑
照明

4.2　居住空间的建筑化照明

光在空间中的作用：增强可见度，使空间形成立体感，使空间物像减轻了重量，使空间产生纯净、明暗、虚实等效果。

4.2.1　灯具的种类及艺术效果

常用灯具有吊灯、吸顶灯、壁灯、落地灯、台灯、特种灯几类，其艺术效果如图 4-3 所示。

图 4-3　灯具的艺术效果

4.2.2　创造室内光环境气氛的技法

创造室内光环境气氛的技法有：利用灯光的方向和数量、利用灯光的亮度、利用灯光的对比、利用灯光的抑扬、利用灯光的颜色、利用灯光的流动、利用灯光的层次（图4-4）。

图 4-4　创造室内光环境气氛

■ 小提示

古代的灯具，类似陶制的盛食器"豆"。上盘下座，中间以柱相连，虽然形制比较简单，却奠定了中国油灯的基本造型。经千百年的发展，灯的功能也逐渐由最初单一的实用性变为实用和装饰相结合的特性。历代墓葬中出土的精美灯具造型考究、装饰繁复，反映了当时主流社会的审美。

4.3　居住空间照明设计的要点

4.3.1　居住空间照明设计总原则

1.　实用性原则

室内照明应符合规定的水平照度，满足工作、学习和生活的需要，设计室内照明时应从室内整体环境出发，全面考虑光源、光质、投光方向和角度的选择，与室内活动的功能、使用性质、空间造型、色彩陈设相协调，以获得整体环境效果。

2.　安全性原则

一般情况下，线路、开关、灯具的设置都需有可靠的安全措施，诸如分电盘和分线路一定要有专人管理；电路和配电方式要符合安全标准，不允许过载；在危险地方要设置明显标志，以避免发生漏电、短路、火灾等事故。

3.　经济性原则

照明设计的经济性有两方面的意义：一是采用先进技术，充分发挥照明设施的实际效果，尽可能以较少的投入获得较大的照明效果；二是在确定照明设计时要符合我国当前在电力供应、设备和材料方面的生产水平。

4.　艺术性原则

照明装置具有装饰房间、美化环境的作用。室内照明有助于丰富空间，形成一定的环境气氛。照明可以增加空间的层次和深度，光与影的变化使静止的空间生动起来，能够创出美的意境和氛围。所以，在进行室内照明设计时，应正确选择照明方式、光源种类、灯具造型及体量，同时还要处理好颜色、光的投射角度，以取得改善空间感、增强环境的艺术效果（图4-5）。

图 4-5　艺术性原则

视频：居住空间照明设计的要点

PPT：居住空间照明设计的要点

4.3.2 灯光的表现方式

（1）点光表现：点光是指 LED 亮化灯具的投光范围很小而且集中在一个方向的光源。

（2）带光表现：带光是指将 LED 亮化光源通过设计，布置成长条形的光源带。

（3）面光表现：面光是指建筑外墙立面、室内顶棚或者地面做成的发光面。

（4）静止灯光和流动灯光：灯具固定不动，光照静止不变，不出现闪烁的灯光为静止灯光。流动灯光是流动的照明方式，它具有丰富的艺术表现力，常用在舞台灯光和都市霓虹灯广告设计中。

随着当代新技术、新材料快速的发展，LED 亮化照明灯具样式和品种繁多，造型丰富多样，光、色、形、质可以说是变化无穷的。LED 亮化照明灯具不仅为人们的生活提供基础性的照明条件，而且是在照明环境中设计出的生活"亮点"（图 4-6）。

图 4-6　公司前台灯光表现

■ 小提示

室内照明设计是一门综合的科学，不仅涵盖建筑、生理的领域，而且和艺术密不可分，因此需要设计师具有一定的艺术修养和专业的设计水平，而且还要对灯具有足够的了解。由于室内照明设计的范围比较广泛（如办公室、工厂、商店等），而这些场合对照明的要求也存在一定的差异，因此设计方法也千差万别。

◉ 课后思考与练习 ···⊙

1. 根据采光类型，各找 5 张室内效果图进行分析。以手绘或分析图的形式完成。

2. 找一套室内设计效果图，分析其中各空间灯具类型、表现氛围。以 PPT 的形式完成。

3. 根据空间照明设计原则，设计一个室内空间的灯光布置，以手绘形式完成。

模块5 | 居住空间设计常用装饰材料

掌握居住空间设计中常用的装饰材料，了解不同装饰材料的特性。

能力目标

能在实际设计中灵活运用居住空间设计中常用的装饰材料。

素质目标

通过学习常用的装饰材料，学生可以提升职业技能，培养出良好的职业素养。

装饰材料是指装饰各类土木建筑物以提高其使用功能和达到美观效果，保护主体结构在各种环境条件下稳定性和耐久性的建筑材料及其制品，又称装修材料、饰面材料。

装饰材料的主要功能有装饰美化功能、保护功能、调节环境功能。

居住空间组织和界面设计概括为地面、立面、顶面三大界面。根据空间界面划分，居住空间常用装饰材料分为地面装饰材料、立面装饰材料、顶面装饰材料。

视频：居住空间设计中常用的装饰材料（一）

5.1 地面装饰材料

PPT：居住空间设计中常用的装饰材料（一）

5.1.1 木地板

木地板按其结构和材料来分类，可分为实木地板、实木复合地板、强化地板。

实木地板（图5-1）是用实木直接加工成的地板，是天然木材经烘干、加工后形成的地面装饰材料，又称原木地板。它具有木材自然生长的纹理，是热的不良导体，可以使地面冬暖夏凉，使人脚感舒适，使用安全，是卧室、客厅、书房等地面装修的理想材料。

图 5-1　实木地板

实木复合地板（图 5-2）由不同树种的板材交错层压而成，一定程度上克服了实木地板湿胀干缩的缺点，干缩湿胀率小，具有较好的尺寸稳定性，并保留了实木地板的自然木纹和舒适的脚感。实木复合地板兼具强化地板的稳定性与实木地板的美观性的作用，而且具有环保优势。

三层实木复合地板结构图

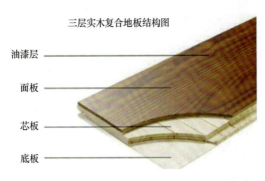

油漆层

面板

芯板

底板

图 5-2　实木复合地板

强化木地板（图 5-3）是由耐磨层、装饰层、高密度基材层、平衡（防潮）层通过合成树脂胶热压而成的。它具有耐磨、花色品种多、易于护理、安装简便、性价比高等优点，但是其抗潮性能较差，且装饰效果较为生硬。

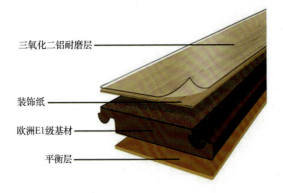

三氧化二铝耐磨层

装饰纸

欧洲E1级基材

平衡层

图 5-3　强化木地板

5.1.2　装饰石材

天然花岗岩（图 5-4）属于酸性岩浆岩中的侵入岩，这是此类中最常见的一种岩石，多为浅肉红色、浅灰色、灰白色等；中粗粒、细粒结构，块状构造。花岗岩不易风化，质地纹路均匀，能用作室内外装饰用石。花岗岩颜色虽然以淡色系为主，但通常含有红色、白色、黄色、绿色、黑色、紫色、棕色、米色、蓝色等，而且色彩相对变化不大，适合大面积使用。

图 5-4　天然花岗岩

5.1.3　瓷砖

陶瓷釉面砖（图 5-5）是指一种釉料烧制而成的瓷砖。釉料的材质有陶土和瓷土两种：陶土烧制的釉面砖呈现红色；瓷土烧制出来的釉面砖呈现白色和灰色。釉面砖的表面图案丰富，花纹多样；耐脏性和防渗水性较好；具有耐急冷急热、不易变形的特性。

仿古砖（图 5-6）属于普通瓷砖，与瓷片大致相同，唯一不同的是在烧制过程中，仿古砖仿照以往的样式做旧，带着古典的独特韵味吸引着人们的目光。它具有"透气性、吸水性、抗氧化、净化空气"等特点，是房屋墙地面、路面装饰的一款理想装饰材料。

图 5-5　陶瓷釉面砖　　　　　　　　　　　　图 5-6　仿古砖

5.1.4　地毯

地毯（图 5-7）是以棉、麻、丝、毛、草等天然纤维或者化学合成纤维为原料，经手工或机械工艺进行编织、栽绒或纺织而成的地面覆盖物。它不仅具有抗风、抗湿、吸尘、保护地面、隔热保温、防滑、吸声降噪等作用，还能带给人以高贵、华丽、美观的感受，是一种理想的现代室内装饰材料。

图 5-7 地毯

5.2 立面装饰材料

5.2.1 乳胶漆

视频：居住空间设计中常用的装饰材料（二）

PPT：居住空间设计中常用的装饰材料（二）

乳胶漆（图 5-8）是水分散性涂料，它是以合成树脂乳液为基料，填料经过研磨分散后加入各种助剂精制而成的涂料。乳胶漆具有与传统墙面涂料不同的众多优点，如易于涂刷、干燥迅速、漆膜耐水、耐擦洗性好等。

图 5-8 乳胶漆

5.2.2 织物墙布

织物墙布（图 5-9）又称纺织纤维墙布，是用棉、麻、丝、羊毛等天然纤维或化学合成纤维经过编织而制成的。织物墙布的材料质感丰富、立体感强、色调柔和高雅，具有无毒无味、透气、吸声、耐磨、耐晒、无静电、不褪色、装饰效果好等优点，是一种新型的高档装饰材料。

图 5-9　织物墙布

5.2.3　硅藻泥

硅藻泥（图 5-10）是由生活在数百万年前的水生浮游类生物——硅藻沉积而成的多孔的天然物质，其主要成分为硅藻土，富含多种有益矿物质，质地轻软。硅藻泥不仅有很好的装饰性，还具有空气净化、消除异味、调节湿气、遇水吸收、阻燃、便于修补、不易沾染灰尘等特点，是现在比较流行的一种内墙环保型饰面材料。

图 5-10　硅藻泥

5.2.4　竹木纤维板

竹木纤维板（图 5-11）是以竹粉、木粉等低植生物质纤维为主原料，利用高分子界面化学原理制作而成的板材。竹木纤维集成墙面的优点是隔声降噪、装饰性好。而其绿色环保的优点主要取决于原材料的选择，好的厂家使用真正的竹粉、木粉制作竹木纤维板，则其环保性便有了保证。

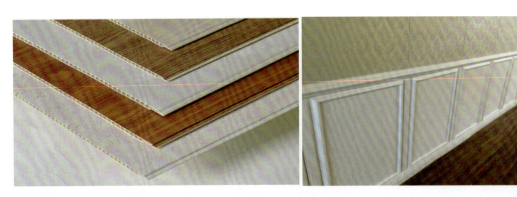

图 5-11　竹木纤维板

5.2.5　实木饰面板

实木饰面板（图 5-12）有樱桃木、枫木、白桦木、红桦木、水曲柳、白橡木、红橡木、柚木、花梨木、胡桃木、白影木、红影木等。它是将天然木材或科技木刨切成一定厚度的薄片，黏附于胶合板表面，再热压而成的一种用于室内装修或家具制造的表面材料。

图 5-12　实木饰面板

5.3 ● 顶面装饰材料

5.3.1　纸面石膏板

纸面石膏板（图 5-13）是以建筑石膏为主要原料，掺入适量添加剂与纤维做板芯，以特制的板纸为护面，经加工制成的板材。纸面石膏板具有重量轻、隔声、隔热、加工性能强、施工方法简便的特点。纸面石膏板韧性好，不燃，尺寸稳定，表面平整，可以锯割，便于施工，主要作为吊顶、隔墙、内墙贴面、吸声板等使用。

图 5-13　纸面石膏板

5.3.2　硅酸钙板

硅酸钙板（图 5-14）是以无机矿物纤维或纤维素纤维等松散短纤维为增强材料，以硅质 - 钙质材料为主体胶结材料，经制浆、成型、在高温高压饱和蒸汽中加速固化反应，形成硅酸钙胶凝体而制成的板材。硅酸钙板是一种具有优良性能的新型建筑和工业用板材，其防火、防潮、隔声、防虫蛀、耐久性较好，是吊顶、隔断的理想装饰板材。

图 5-14　硅酸钙板

5.3.3　铝扣板

铝扣板（图 5-15）是以铝合金板材为基底，通过开料、剪角、模压成型得到的一种金属吊顶材料，铝扣板表面使用各种不同的涂层加工得到各种铝扣板产品。其具有良好的防潮、防油污、阻燃特性，而且美观大方，便于运输，使用方便。

视频：装饰材料的安全性

PPT：装饰材料的安全性

图 5-15　铝扣板

选择装饰材料时，首先，应符合整体设计风格及各部位的使用和装饰要求；其次，应使其性能与空间的功能要求相适应；最后，应从长远性和经济性的角度出发，充分利用有限的资金取得最佳的装饰和使用效果，做到既满足目前需求，又能为以后的装饰变化奠定基础。总之，装饰材料的选择应符合以下三点要求：材料的美观性、材料的功能性、材料的经济性。

■ 知识拓展

陶瓷砖的种类

（1）釉面砖。釉面砖又称陶瓷砖、瓷片或釉面陶土砖，是一种传统的卫生间、浴室墙面砖。高档墙面还配有一定规格的腰线砖、踢脚线砖、顶角线、花片砖。

（2）通体砖。通体砖是一种表面不上釉的瓷砖，而且正反两面材质和色泽一致。通体砖是一种耐磨砖，多使用于厅堂、过道和室外走道等的地面，一般较少用在墙面上，多数防滑砖属于通体砖。

（3）仿古砖。仿古砖是从彩釉面砖演化而来的，实质上是一种上釉的瓷质砖，与彩釉面砖的区别是在烧制过程中，仿古砖的技术含量要求比较高。

（4）抛光砖。抛光砖是通体坯体表面经过打磨而成的一种光亮的砖种，属于通体砖。其适用于室内的墙面和地面。

（5）玻化砖。玻化砖又称全瓷砖，其解决了抛光砖易脏的问题，是由优质高岭土强化高温烧制而成的。

（6）马赛克瓷砖。

◉ 课后思考与练习

1. 室内装饰材料的选用原则有哪些？

2. 用于家具及室内装饰的木质材料主要有哪几类？

3. 室内用陶瓷制品主要有哪些？

模块6 功能空间设计

居住空间设计是建立在建筑房型（如普通住房的结构常划分为两室两厅、三室两厅、一室一厅等各种房型）划分的基础上的，根据各家庭需求的不同，对建筑内部现有空间结构进行设计的一项活动。只有按不同需求进行设计与布局，才能创造合理的居住空间。居住空间主要由客厅、餐厅、卧室、厨房、书房、卫生间等几个主要功能性空间构成。随着居住环境的改善，人们活动范围的增加，功能空间会逐步增多。掌握主要功能区域的空间设计原理，是居住空间设计构思的第一步。

视频：客厅设计的基本原理

6.1 客厅空间设计

PPT：客厅设计的基本原理

6.1.1 客厅空间设计基本原理

客厅（图6-1和图6-2）是住宅中活动最集中，使用频率最高的核心空间，能够充分体现主人的情感兴趣，其住宅造型风格对于整个家装设计成败具有决定性的影响。在家装设计中，一般都把设计个性和环境气氛在客厅设计中集中地表现出来。如果玄关是家装设计中的"前奏"，走廊是"低潮和过渡"，那么客厅的设计就是家装设计的"高潮"了。客厅设计是家装设计的"用武之地"，是家装设计中的重点。

图 6-1 客厅（一）　　　　　　　　　　图 6-2 客厅（二）

由于住宅条件的限制，目前大多数家庭的客厅兼具家人团聚、起居、休息、会客、视听活动等多种功能；而面积较大的一些住宅，则会把娱乐、视听的功能从客厅中分离出来，使客厅独立成为对外会客和家庭成员交流沟通的空间。但在一般的家庭中，客厅仍是家庭活动的中心，因此属于居住空间设计和装饰的关键，一般家庭都会在客厅上投入较多的物力、财力。客厅装修的原则是既要实用，又要美观。相比之下美观更重要，具体而言，客厅的装修需要满足以下四个基本要求。

1. 风格要明确

客厅是家居的核心区域。在现代家居格局中，客厅的面积是最大的，空间是相对开放性的，地位也最高，它的风格基调往往是家居格调的主脉，决定着整个居室的风格。客厅的风格可以通过多种方法来实现，其中家具、吊顶及灯光、色彩的不同运用更适合表现客厅的不同风格。整个客厅的布局和装饰要协调统一，才能凸显一种明确的风格特点，而各个细部的美化装饰，要注意服从整体的美感。

2. 个性要鲜明

客厅的装修是主人审美品位和生活情趣的反映，应讲求个性。

客厅要有独特的东西，能带给人与众不同的感觉。在不同风格的客厅装修中，任何一个细节都能折射出主人不同的人生观、修养及品位，因此设计客厅时要十分用心。

客厅的个性化可通过装修材料、装修手段的选择及家具的摆放来表现，但更多的是通过配饰等"软装饰"（如工艺品、字画、坐垫、布艺、小饰品等）来表现，这些小细节更能展示出主人的修养。

3. 分区要合理

功能多的客厅，一般可划分出会客区、用餐区和学习区等，三个区的布局为：会客区应适当靠外；用餐区接近厨房；学习区只占居室的一个角落。客厅的各项功能使用起来要方便、实用（图 6-3）：如果家人看电视的时间比较多，则把视听柜定为客厅的中心内容，以此来确定沙发的位置和朝向；如果不经常看电视，而客人又多，完全可将会客区作为客厅的中心。

客厅区域可以采用硬性划分和软性划分两种办法。

硬性划分是把空间分成相对封闭的几个区域来实现不同的功能，主要是通过隔断、家具的布置，从大空间中独立出一些小空间。

软性划分是用"暗示法"塑造空间，利用不同装修材料、装饰手法、特色家具、灯光造型等来划分，如通过吊顶从上部空间将会客区域划分开来。

家具的布置方式可以分为规则（对称）式和自由式两类。小空间的家具布置宜以集中为主，大空间的家具布置则以分散为主。

4. 重点要突出

客厅有顶面、地面及四面墙壁，因为视角的关系，墙面理所当然地成为重点。主题墙是指客厅中最引人注目的一面墙，一般是放置电视、音响的那面墙。在主题墙上，可以运用各种装饰材料做一些造型，以突出整个客厅的装饰风格。主题墙是客厅装修的"点睛之笔"，有了重点，其他三面墙就可以简单一些。如果把四面墙都做成主题墙，就会给人杂乱无章的感觉，既浪费财力，又有损客厅的美观。

客厅的顶面和地面（图 6-4）是两个水平面。顶面在上方，其处理对整修空间起决定性作用，对空间的影响比地面显著；而地面通常是最引人注意的部分，其色彩、质地和图案能直接影响客厅观感。

图 6-3　客厅分区

图 6-4　客厅的顶面和地面

6.1.2　客厅设计与装饰

1. 客厅平面布局设计

客厅的设计要因人而异，强调设计的个性。因为不同的人有不同的生活方式和居住需求。从风格上讲，有古典风格的、有民间风格的、有现代风格的、有传统和现代风格相结合的等。从情调上讲，有优雅明丽的、有古朴的、有浪漫的、有华贵高丽的等。在进行设计时，首先要进行意向设计，即"立意"。设计师可以先用文字表达设计的提纲，比如风格类型，气氛、情调和装饰手法等；其次才是实际的设计计划。

客厅平面的功能布局设计首先要注重的因素是流畅合理，然后也要注重出入方便、空气通畅、视觉感受舒畅。另外，客厅的面积宜宽大，顶棚高度尽可能高一些，还要结合其他功能空间的结构位置等因素加以考虑。客厅是综合功能空间，依次可划分为聚客休息区、阅读品茗区、影视赏析区、娱乐休闲区等区域。客厅顶、地、墙三大界面的设计，风格上应整体构思客厅环境的氛围。

2. 客厅的家具和陈设布置

客厅的设计要将合理地划分功能区域置于首位。因为它是一个集各种生活设施于一体的活动场所，不同的设施既要在功能上互相关联，也要尽量符合区域划分的原则；在视觉上既要相互关联，又要相互独立。客厅的设计可以借助材料的搭配，地台、屏风、沙发、书架、植物、家具等的陈设实现空间的有序化，让整个空间布局井井有条、舒适合理（图 6-5）。客厅常见的座位布置格局有以下几种：

（1）3 + X 形。3 + 1 形、3 + 2 形是最为常见的格局。

（2）C 形。正 C 形自然团聚，反 C 形保守团聚。

（3）L 形。正 L 形轻松开放，反 L 形大方自然。

（4）L + X 形。充实饱满，正统大方。

（5）Ⅱ形。平等又亲切。

（6）品字形。正品字形保守规则，反品字形开放端正。

视频：客厅的设计要点

PPT：客厅的设计步骤和设计方法

客厅家具布置形式有单纯用于影视设备的电视柜，电视柜可根据影视设备的规格数量来设计式样尺寸；也有与电视柜组合成一体书架、博古架、工艺品陈设架等多项内容的组合柜。影视柜具根据人体工程学的原理来决定其高度，有利于视觉卫生，如果有的家庭采用大型投影屏，那么建议设置低台以替代电视机所用的柜具。

隔屏、绿化等手法有助于将通路区间与使用区间隔离，虚拟出两个以上的心理空间。屏风、隔断的形式手法要讲究造型的装饰性，主题要求透明度高。绿色植物是客厅空间中昭示生机的标志，可根据空间大小与其他物件的关系而设置。利用墙面的疏密关系配置一些壁饰造型，同样可以起到划分局部空间的作用。

此外，壁挂、壁饰、挂画也是不可或缺的一部分。其一方面取决于主人的爱好；另一方面要根据室内的环境条件来选择它的形式和色彩。同时，摆设品对客厅设计也有重要的影响（图6-6），其在空间设计中起着"画龙点睛"的作用。

图 6-5 客厅的家具和陈设布置

图 6-6 客厅摆设品

3. 客厅中的尺度

客厅中家具的陈设布置要有适宜的尺度，因为前面提到客厅具有聚会、接待、休闲、娱乐等多种功能，所以在布置时要根据客厅面积的大小选择合适的家具，要以有利于谈话为原则，一般谈话双方采取正对坐或侧对坐为宜，座位之间的距离保持在2 m以内（这样的距离使谈话双方不觉得费力）。为了避免谈话区不受干扰，室内交通路线不应穿越谈话区，谈话区尽量设置在室内一角或尽端，形成一个相对完整的独立区域（图6-7）。

常见客厅家具尺寸和布置尺度见表6-1。

图 6-7 客厅谈话区

表 6-1 常见客厅家具尺寸和布置尺度

家具	尺寸 /mm
电视机柜	高：400 ~ 600
沙发座位	高：400
座位到眼睛	高：660
视平线 = 座位高度 + 沙发座位到眼睛的高度	高：400+660＝1 060

续表

家具	尺寸 /mm
单人沙发	长 × 宽：760×760
三人沙发	长：1 750 ~ 1 980
沙发扶手	高：60
茶几	长 × 宽 × 高：1 070×600×400
茶几与沙发距离	宽：350

4. 客厅地面、墙面、顶棚的处理手法

客厅的地面可用企口木地板、复合木地板、陶瓷地砖、天然石材等铺设。木地板温和自然，吸声隔热好；地砖、石材易清洁，但质地硬、性凉。设计师可在木地板、地砖、石材上局部铺设地毯，以改善其性能，并集中起一个局部空间。有些客厅和阳台相连接，地面的交接处理可用相同材料或不同材料，关键取决于过渡形式，一般是利用门槛作为材料变异的分界，同时对客厅和阳台内外地面的材料厚度予以差别。另外，也可通过选择材料的性质使转化更加平和、自然。

客厅墙面（图 6-8）通常使用乳胶漆、墙纸或木质饰板装饰。客厅的主墙面造型往往是客厅表现的重点，可以利用视觉造型的各种手法来表现，在某些局部造型中可使用石材、玻璃、金属、工艺品等装饰营造环境。可在有阳台的客厅设置门，材质以玻璃门为宜，双开门、推拉门视情况而定，但门扇的玻璃规格尽量不要超过 2 m，门玻璃可以用玻璃雕刻、彩绘、加铁花等手法处理。

图 6-8　客厅墙面

顶棚常用的装修方式有吊顶和原顶装饰两种。其中吊顶分平吊顶、吊二级顶、吊三级顶、局部吊顶等多种形式。吊顶的目的：第一，可以表达设计师的设计意图，起到调整和装饰空间的效果；第二，能够遮盖住顶棚上的各种管线和接头。原顶装饰是在原有顶棚的基础上直接刮腻子做表面装饰。顶棚的表面装饰材料一般与墙相同，可以用乳胶漆或墙纸。客厅的顶棚视其高度与室内环境关系决定装饰内容：面积小、棚顶较低的顶棚装饰宜选择装饰角线或装饰线脚；面积大，可选择吊顶进行装饰，风格手法可多种多样。

5. 客厅照明设计

灯具的设置也需视顶棚造型而定，主要照明一般是顶棚中心设灯，用吊灯还是吸顶灯视情况而定，其他部分增设射灯、壁灯等，地面、沙发可设立灯，造型范围内设装饰灯等。电器插座、开关等在总体结构落实后预先埋线留好位置。室内空调也是考虑安装的条件，视空间决定立式、壁挂式或集中式等种类及功率。

客厅照明的设计效果应当明快，突出温馨，且有明暗层次，根据空间不同、时间不同、使用要求不同而有变化。如果只靠顶棚垂下的主灯来照明，仅是室内一片通亮，并没有明暗层次。因此在各个照明器具和不同组合的线路上要设置开关或调光器，采用落地灯、台灯和聚光灯等可移动式灯具进行局部照明。总之，客厅要按照空间的不同，使用不同的开关和配置不同的灯来照明，这样才

能使平凡的空间因灯光的设置而变得与众不同。

6. 客厅的储物与收纳设计

客厅要整洁且有格调，必须要有宽敞而合理的收纳设计，既方便日常用品的取放，又要使视觉空间流畅美观。闭门收纳柜可以让客厅观感整齐有序，而敞开的陈列柜展示珍藏精品也是不可忽视的，因此，客厅收纳柜大多有闭门和敞开两种，有高柜、低柜、板架和台柜等形式。敞开式高柜内可置灯光，让陈设品展示得更完美，但不可放得太拥挤。客厅的隔热、通风处理、布艺及采光皆要在设计初始加以考虑，在具体操作时落实。另外，一些家庭还要考虑钢琴的摆放位置，而在北方的房间内还要考虑暖气管道的装饰及改向等问题。

■ 小提示

客厅是家庭住宅的核心区域。在现代住宅中，客厅的面积最大，空间是开放性的，地位最高，它的风格基调往往是家居格调的主脉，决定着整个居室的风格。因此确定好客厅的装修风格十分重要。

6.2　餐厅空间设计

6.2.1　餐厅设计基本原理

PPT：餐厅设计基本原理

餐厅（图 6-9）的环境设计不仅要注意从厨房配餐到方便餐后收拾的合理性，还要能体现出家庭团聚，和谐温馨的生活氛围。

餐厅设计包括以下内容：

（1）尺度。根据住宅大小、家中人数选择桌椅类型大小。

（2）布置。餐厅布置方式有独立式、客餐一体、餐厨一体、角落式、卡座式、吧台式几种。

（3）餐厅界面装饰。

①地面要尽量选用易于清洁、不易污染的地板或地砖等材料。

②顶棚要选择不易沾染油烟污物并便于维护的装饰材料。

③墙面装饰不宜太花哨，在齐腰位置考虑使用一些耐磨的材料。

④色调处理上以暖橙倾向的基调为主，加上灯光的调节，可增强食欲。

（4）照明。照明设计原则：以局部照明为主；辅助灯光衬托环境；暖色光照。

（5）餐桌，包括方形桌、圆形桌、折叠桌、不规则形桌等，不同的桌子造型给人的感受也不同。

（6）装饰，包括字画、壁挂、特殊装饰物品等，可根据餐厅的具体情况灵活安排，用来点缀环境，但要注意不可进行过多装饰而喧宾夺主，让餐厅显得杂乱无章。

在现代家庭中，餐厅已日益成为重要的活动场所。餐厅不仅是全家人共同进餐的地方，而且也是宴请亲朋好友，供大家交谈与休息的地方。

图 6-9　餐厅

餐厅可单独设置，也可设在起居室靠近厨房的一隅，通常位于厨房和客厅之间最合理。就餐区域尺寸应考虑人的来往、服务等活动。色彩上应采用暖色调，如橙色、黄色等可以增加食欲的颜色，不宜采用绿色、蓝色、紫色等。餐厅的设计要注意以下三个方面。

1. 餐厅墙面装饰

在进行餐厅墙面（图 6-10）装饰时，应从建筑内部把握空间，根据空间的使用性质和所处位置，运用科学技术及文化艺术手段，创造出功能合理、舒适美观、符合使用者的生理和心理需求的空间环境。

餐厅墙面的装饰除要依据餐厅整体设计基本原则外，还特别要考虑到餐厅的实用功能和美化效果。一般来讲，就餐环境的气氛要比睡眠、学习等环境轻松活泼一些，并且要注意营造一种温馨祥和的气氛，以满足家庭成员的一种聚合心理。

餐厅墙面的装饰手法多种多样，但必须根据实际情况，因地制宜，才能达到良好的效果。有的家庭餐厅较小，可以在墙面适当安装一定面积的镜面，在视觉上造成空间增大的感觉。

另外，餐厅墙面的装饰要注意突出自己的风格，不同的风格与装饰材料的选择有很大关系。如显现天然纹理的原木材料透露着自然淳朴的气息；深色墙面，显得风格典雅深沉，具有浓郁的东方情调。

色彩在就餐时对人们的心理影响很大，餐厅环境的色彩能影响人们就餐时的情绪，因此餐厅墙面的装饰绝不能忽略色彩的作用。餐厅墙面的色彩设计因个人爱好与性格不同而有较大差异。但总而言之，墙面的色彩应以明朗轻快的色调为主，经常采用的是橙色以及相同色相的"姊妹"色。这些色彩

图 6-10　餐厅墙面

都具有刺激食欲的功效，它们不仅能给人以温馨感，而且能提高就餐者的兴致，促进人们之间的情感交流。当然，在不同的时间、季节及心理状态下，对色彩的感受会有所变化，这时可利用灯光的折射效果来调节室内色彩气氛。

餐厅墙面的气氛既要美观，又要实用，不可盲目堆砌。如有意在餐厅的墙壁上挂一些字画、瓷盘、壁挂等装饰品，可根据餐厅的具体情况灵活安排，用以点缀环境，但要注意不可喧宾夺主、杂乱无章。

当然，应避免把餐厅墙面装饰设计的目的仅限于单纯的美化，而应当从中体现居室主人的文化素养，从单纯的形式美感转向文化意识，从为装饰面装饰或一般地创造气氛，提高到对艺术风格、文化特色和美学价值的追求及意境的创造。

2. 餐厅灯具

在上班族的生活中，餐厅使用主要在晚餐，灯光是营造气氛的主角。餐厅宜采用低色温的白炽灯，奶白灯泡或磨砂灯泡，漫射光，不刺眼，带有自然光感，比较亲切、柔和。另外，照明也可以采用混合光源，即低色温灯和高色温灯结合起来用，混合照明的效果接近日光，而且光源色也不单调。

人们对餐厅灯具的选择，易出现的问题就是只强调灯具的形式。餐厅的照明方式是局部照明，主灯为备餐台上方的灯，照在台面区域，宜选择下罩式的、多头型的、组合型的灯具，形态餐厅的整体装饰风格应与一致，从而达到餐厅氛围所需的明亮、柔和、自然的照度要求。需要注意的是，餐厅一般不适合采用朝上照的灯具，因为不符合就餐时的视觉要求。

餐厅还要有相关的辅助灯光（图 6-11），可以起到烘托就餐环境的作用。使用这些辅助灯光有许多手段，如在餐厅家具（玻璃柜等）内设置照明；艺术品、装饰品的局部照明等。辅助灯光不是为了照明，而是为了以光影效果烘托环境。因此，照度比餐桌上的灯光要低，在突出主要光源的前提下，光影的安排要做到有次序、不紊乱。

3. 餐桌

餐桌是餐厅的核心，文化传统对就餐方式的影响，集中地体现在就餐家具上。中国人的餐桌是正方形和正圆形的，因为中餐的就餐方式是共食制，围绕一个中心就餐。随着餐饮中引进了西餐的形式，餐桌的形状发生了变化，长方形的餐桌进入了普通人家。

要达到就餐的目的，应该关心餐桌、餐椅的形态。在目前市场上，供应方面以模仿西式家具（图 6-12）为主；消费方面，注意的是材质、价格和是否气派。现在西方人对正方形和圆形的餐桌很感兴趣，认为具有亲和力、平等感；而有些消费者认为大餐桌更气派。市场上的餐桌、餐椅，普遍较高，餐桌高度为 75 ~ 80 cm，椅子的坐高在 40 cm 左右。椅子的坐高，应使人坐着的时候略靠后，而非正襟危坐或向前倾；使人在坐下时感觉舒适、放松，而不是紧张。桌面的高度，应让手臂能够方便移动，人的视线，没有任何阻挡；杯碗盆碟应在视线之下，而不妨碍视线的交流。一般来讲，现在的餐桌高度应在 70 cm 以下。

图 6-11　餐厅的辅助灯光　　　　　图 6-12　厨房餐厅西式家具

视频：餐厅设计的步骤与方法

PPT：餐厅设计的步骤与方法

6.2.2　餐厅设计与装饰

1. 餐厅的设置形式

（1）独立餐厅。一般面积比较大、标准较高的住宅需设独立餐厅，即单列出房间就餐，与其他功能空间相对独立，营造一个稳定舒适的就餐区域。

（2）非独立餐厅。非独立餐厅指的是功能相对独立、空间互为关联的餐厅，常见的是餐厅和客厅在一个空间内、餐厅与厨房共处一个房间内等几种形式。

因空间限定，处理的手法一般有利用顶棚层面造型或层高做区别和利用地面材料、墙面造型、隔屏、家具等进行分割，形成虚拟空间（图 6-13）。其中，与厨房连成一体的组合形式虽然节省空间，但不太适合中餐的烹饪和就餐。

2. 餐厅的家具配置

（1）餐桌、餐椅（图 6-14）。餐桌形状有正方形、圆形、长方形等，时尚的餐桌有将其与麻将桌组合、餐桌可伸缩加大的新款式。餐桌的材质有原木、玻璃、金属、贴饰面板几种；餐椅的造型、材质要与餐桌配套，也可另行设计与配置。

（2）餐柜。餐柜主要用来储藏和陈设餐具器皿，如用餐时使用的杯、盘、碗、筷子、刀叉等其他小物品（图 6-15）。餐柜造型可在组合过程中将储藏功能与工艺品陈设等功能一并考虑，使其造型丰富、情趣盎然。工艺品陈设部分可设装饰灯光，突出展品、增加情调。餐柜有单列式、嵌墙式，后者较实用，既节省利用空间，又可隐蔽一些管线。

图 6-13　餐厅空间分割

图 6-14　餐桌餐椅

（3）酒吧台。酒吧台由地台、吧台、吧凳三部分组成，既可储存又有装饰功能，增添生活情趣。酒吧台有设在客厅空间内的、有单列式的、有与餐柜组合一体式的、有以隔断的功能出现的。

3. 餐厅中的尺度

（1）餐桌的尺寸。正方形餐桌的常用尺寸为 760 mm × 760 mm，长方形餐桌的常用尺寸为 1 070 mm × 760 mm。餐桌宽度的标准尺寸是 760 mm，不能小于 700 mm，否则对坐时会因餐桌太窄而相互碰脚。餐桌高度一般为 710 mm，配 415 mm 高度的座椅。圆形餐桌常用的尺寸为直径 900 mm、1 200 mm、1 500 mm，分别为 4 人座、6 人座和 10 人座。

（2）餐椅的尺寸。餐椅座位高度一般为 410 ～ 450 mm，靠背高度一般为 400 ～ 500 mm，较平直，可有 2° ～ 3° 的外倾，坐垫厚约 20 mm。

4. 餐厅装饰与照明

（1）餐厅装饰。餐柜等家具的材质造型大多以木质为主，墙面用涂料、壁板，或用木纹饰面造型。顶棚或平或吊，或简或繁，如不想大面积吊顶，可在周边进行立体或较小层次的造型处理。地面材料用地砖、大理石等易清洁的材料。空间色彩风格以主人的喜好而定。

（2）餐厅照明。照明有灯光、自然光两种。灯光照明以主吊灯（3 个 60 W 的白炽灯）与辅助壁灯配合使用，仅有主灯而无辅灯，会使人感到郁闷。在某些部分利用装饰灯光渲染气氛，明亮的光色会大大刺激食欲（图 6-16）。

图 6-15　餐厅餐柜

图 6-16　餐厅照明

🟩 小提示

　　餐厅家具更要注意风格：可以展现天然纹理的原木餐桌椅充满自然淳朴的气息；金属电镀配人

造革或纺织物的钢管家具线条优雅，具有时代感，突出表现材质的对比效果；高档深色的硬包镶家具，显得风格典雅，气韵深沉，充满浓郁的东方情调。在餐厅家具的安排上，切忌东拼西凑，以免看上去凌乱又不成系统。

6.3　卧室空间设计

6.3.1　卧室设计的基本原则

视频：卧室设计的
基本原理

PPT：卧室设计的
基本原理

　　卧室（图 6-17 ~ 图 6-23），又称卧房、睡房，是供人在其内睡觉、休息的房间。卧室布置得好坏，直接影响人们的生活、工作和学习，卧室是家居装修设计的重点之一。卧室的主要功能是休息，具有静谧、惬意及私密性的特征。
　　卧室设计时首先要注重实用，其次才是装饰。具体应把握以下原则：
　　（1）尺度。
　　①根据面积大小，主卧 4×3.5×3 标准尺寸，15~18 平方米为宜，次卧大于 6 平方米；②尺度与功能搭配：分为休息区、储物区、梳妆区、阅读区、工作区、休闲区等。
　　（2）布置。布置原则：①私密；②功能齐全舒适；③风格简约；④色彩搭配柔和；⑤照明氛围营造。
　　（3）色调、图案搭配。
　　①颜色可选柔和颜色，可选同色系；②颜色不应太多种类，2~3 种即可；③主次颜色搭配，界面、窗帘、床单为大色块。
　　（4）床的样式风格：样式上有架式、台式、垫式、一体式、分体式等，风格上有古典、现代、民族特色等。
　　（5）卧室的隔声与照明。
　　①可使用隔音降噪门、隔音玻璃、隔声棉等；②整体照明与局部照明结合。
　　（6）卧室界面的装饰：地面、顶棚、墙面。
　　人有 1/3 甚至更长的时间是在卧室里度过的，卧室的功能主要就是提供人休息，人们对卧室的设计也应给予足够的重视。伴随着人们对居住环境要求的不断提高，卧室除了为人们提供睡眠空间之外，附加功能也逐渐增多，如梳妆、休息、阅读、卫生和储藏等。在卧室设计中要注意以下几个方面。

图 6-17　卧室（一）

图 6-18　卧室（二）

1.　做好卧室的私密性设计

　　卧室隐藏着秘密、孕育着幸福、包含着快乐。这种快乐是内享的，一般不外露，包括视觉和听觉的。若有条件最好设置一个卧室小玄关，将卧室里发生的所有浪漫遮挡起来。卧室若有较大的空间不妨在床周围设置帷幔，既可以遮挡视线，又可使床区更加温馨，在视觉上更显浪漫，同时还具有防蚊作用。卧室里窗帘是不可少的，卧室里窗帘除调节光线、调节卧室氛围外，最重要的是保护隐私。还要注意隔声效果，隔声效果主要取决于门、窗、隔墙的质量。如果在框架结构的房间里用柜子作隔墙，隔声效果则较差，所以隔墙需要按照隔声要求独立制作。

2. 储藏设计要整齐有序

卧室还要注意储藏功能的设计，尤其是衣服、棉被类的物品，一般都储藏在卧室中。储藏设计大有讲究：

一是可以运用功能齐全的组合式和延伸性能好的衣柜，最适合在同一个地方收存多类衣物，不同宽度、高度与深度的内部配件，如网篮、抽屉或是衣架等，让衣有所属、物有所归。为方便拿出衣物，应该依季节及类别的不同，分类储放，常穿的衣服存放在伸手可及之处，其他备用的寝具、过季的衣物和不常用的物品，则可收存于上方的层架上。

二是在一些角落，S形挂钩、挂衣架或小收藏箱等小道具可充分发挥其收纳功能。如折叠挂钩，平时不用时可将它上扳贴紧墙面，扳下时则可悬挂多件衣物，是精巧又不占空间的设计。

3. 重视特殊功能的需求

在卧室设计中，设计师要深入了解客户的需求，要满足一些客户的特殊需求。如客户是恋床者，设计时就要以床为中心，布置一些小家具。再如医生、夜班工作人员，为了晚上有充沛的精力，白天必须睡好，可是避免不了白天各种的生活声音，因此，上夜班人士的卧室在隔声方面要做专门的处理——门窗部位是隔声处理的重点，窗可设置中空玻璃或双层玻璃窗，配置多层厚窗帘；为门设计密封的防撞条，地板也要作隔声处理。

4. 营造良好的心理氛围

卧室设计要注意氛围的私密性和享受性，各种享受功能应达到较专业的程度；同时也不可忽视丰富性和方便性。卧室中要有多功能、多兴趣点，主要功能要触手可及。主卧最好有独立的卫生间。亲密性和浪漫性也要有所体现，因为卧室中的所有距离都是亲密级的，需要温馨浪漫的氛围。

图 6-19　卧室（三）

图 6-20　卧室（四）

6.3.2　卧室设计与装饰

视频：卧室布局设计的要点

1. 卧室的布局设计

卧室是以床为主要家具的空间，首先要考虑床的摆放位置。床的布局主要有以下几种形式：

（1）两面布局。双人床或双拼单人床放在中间，两边各一个床头柜。这是经典的布置，使用方便、舒适，适合大多数家庭。

（2）标准房布局。近似宾馆客房的布局，两张单人床中间间隔一个床头柜，使同住一个房间的人相互影响较小，适合老年夫妻、兄弟、姐妹等。

（3）一面布局。在空间较小，不能用岛式摆放时，可将床靠一侧墙摆放。

（4）架空布局。床采用架空布置，可充分利用床下空间，这种布局一般用在年轻人的居室。

（5）多功能布局。当卧室空间足够大时，床可采用床台式、围栏式、圆形等布局，营造浪漫的氛围。

床的位置确定好后，可以床为中心来配置床头柜、床靠背、床前几、电视柜、化妆柜、电视柜、床边桌、衣柜等家具。

2. 卧室的界面装饰

卧室的立面一般要重点设计床头背景墙立面，其他立面简单装饰。常用的材料有石膏板、涂料、墙纸、织物、软包、木夹板等，局部也可采用镜面玻璃、艺术玻璃。

图 6-21　卧室（五）

卧室的顶面设计可以平实，也可以浪漫，这主要根据人们的爱好来设计。常用的装饰材料有纸面石膏板、木夹板、涂料、墙纸等。

卧室的地面一般满铺地板和地毯。地板有实木地板、复合地板、竹木地板等品种，纹理美观、脚感舒适，是卧室地面的最佳材料。地毯有良好的保温性，质感舒适，受居住在北方的人们喜爱。

3. 卧室的色彩与照明

卧室的色彩应以淡雅、浪漫、清洁的色调为主，中性色系是最佳选择，中间偏亮的色调比较适宜，色彩明度应接近，反差小。强烈的颜色要慎用，若有意选用也要使其退远，作为背景处理。主要的配色方案有以下几种：

图 6-22　卧室（六）　　　　　　　　　　图 6-23　卧室（七）

（1）轻柔平和的色调。在卧室运用这样的色调是具有普适性的，它有淡淡的女性气息，同时也不失浪漫。其常用白色、米色为主体，局部用艳丽色彩点缀。

（2）明媚阳光的色调。年轻人的卧室可以适当加强色彩的倾向，运用一些明净纯和的色相，营造明媚阳光的感觉。其可用的色彩有黄、绿、鲜蓝等。

（3）单纯的色调。男性或者比较内向的人可能喜爱单纯的色彩，简单的黑、白、灰的组合，视觉上给人留有十分单纯的效果。其最好以白为主，黑白相交，能够形成灰色调的浅色纹样。

（4）朴实的色调。朴实无华是很多人的人生准则，这部分人在选择色彩时也会把这样的信念带过来。其可选的色彩有白色、木色、栗色和枣色等，木色中木夹板的色彩与白色的配合也可选择。

卧室的照明要营造柔和、温馨的气氛，重点区域采用整体照明和局部照明结合。整体照明以吸顶灯为主，用来照亮整个卧室；局部照明则以床头区域的分散照明为主，可以采用双壁灯或台灯。其他区域采用点式照明为主，可以采用台灯、悬臂灯、造型灯。房间里的灯具和设备的开关最好集中控制；经常起夜的老人卧室还需要安装小功率的夜灯。

4. 卧室的绿化与陈设

卧室的绿化主要起点缀作用，陈设品一般由夫妻的照片、生动有趣的工艺品等组成，有的卧室还陈设视听电器等设备。卧室陈设以简单为好，以便清理打扫，绿化要少并有利于健康。布艺是营造卧室氛围的最好材料，浪漫的床帷、绚丽的窗帘、布料的盒子、布艺沙发等都会对空间有软化的效果，甚至绘画、淡雅的花卉、漫无目标的抽象画等都会使室内生色不少。但是不要选择一些过于活泼或气势恢宏的画挂在卧室。

■ 小提示

　　根据《住宅设计规范》（GB 50096—2011）的规定，卧室应有自然通风。其使用面积不宜小于下列规定：双人卧室为 9 m^2；单人卧室为 5 m^2；兼起居的卧室为 12 m^2。卧室、起居室（厅）的室内净高不应低于 2.4 m，局部净高不应低于 2.1 m，且这种局部净高的室内面积不应大于室内使用面积的 1/3。

6.4　书房空间设计

6.4.1　书房设计的基本原理

　　书房的功能主要是阅读、书写以及业余学习、研究、工作。书房设计的基本原理如下：
　　（1）有阅读、创作动能的工作区。
　　（2）有会客、商讨、待客等功能的会客交流区域。
　　（3）有书刊、资料、用具等用品存放功能的储物区。
　　（4）书房相对独立，面积不小于 10 m^2；由于空间紧张，利用卧室或者客厅的一角布置简单学习功能的区域，面积一般也需要在 2 m^2 以上。
　　（5）空间界面装饰。

PPT：书房设计的基本原理

　　书房对于大多数现代家庭而言也是必不可少的一个空间。一般情况下，一个可以看书、写字、办公、使用电脑的专门的房间就是书房，书房一般还可兼作接待客人的商务空间。有些书房还可以设计成工作室，如作家、律师、教师等人员的书房与工作室的形态是相同的，而对于一些艺术家、设计师、科技工作者等人员的书房与工作室的差异就会较大。

　　书房的基本功能有工作、陈设、视听、阅读、通信、会客等。一般要配备写字台、电脑桌及办公设备、书柜或展示柜、电视、沙发、茶几等（图6-24）。

图 6-24　客厅与书房

　　1. 书房设计的基本原则
　　书房设计的基本原则有两点：一是营造氛围；二是提高效率。书房的氛围就是"书香天地"，这是书房有别于其他房间的地方。在宁静的空间里，与书为伴，墨香飘飘，进入这里就能静下心来专心读书和工作。

　　书房的作用就是让使用者能够在这里顺利地进行学习和工作，尤其是对书房有依赖的文化工作者。处理各种工作需要不同的工作条件，书房的工作条件应该比工作单位更好，因为这里是无人打扰的专用空间。

2. 书房设计的基本要求

（1）营造恰当的心理环境。进入书房要有良好的心理感受，一般来说书房的心理环境要符合以下几个要求：

①自我性，即书房是家庭中个人色彩较浓的地方，可以适当彰显个性；

②专业性，即书房要符合用户的专业工作的要求，各种功能的满足必须达到专业的程度；

③方便性，即工具和工具书的放置要符合使用要求，经常用的物品要触手可及；

④文化性，书房是满足精神需求的空间，应当有浓郁的文化氛围。

（2）营造良好的书房氛围。书房应有的氛围可以用四个关键词来概括，即明亮、安静、雅致、有序（图 6-25~ 图 6-27）。

明亮是书房或家庭工作室的根本要求。书房作为读书写字的场所，对于照明和采光的要求很高。因为人眼在过于强或弱的光线中工作，会对视力产生很大的影响，所以写字台最好放在阳光充足但不直射的窗边。这种布局的优势：一方面，可让使用者在工作或学习时获得明亮而柔和的阳光；另一方面，在疲倦时，使用者可凭窗远眺，让眼睛得到休息。另外，书房内一定要设有台灯，书柜要配射灯，便于阅读和查找专业书籍，但应注意台灯光线要均匀地照射在读书写字的区域，不宜离人太近，以免强光刺眼。

安静是修身养性之道，对于书房来讲，十分必要，因为人在嘈杂的环境中的工作效率要比在安静的环境中低得多。所以书房装饰材料要选用隔声、吸声效果好的材料。顶棚可采用吸声石膏板吊顶；墙壁可采用 PVC 吸声板或软包装饰等装饰；地面可采用吸声效果好的地毯；窗帘要选择较厚的材料，以阻隔窗外的噪声。

雅致可以怡情。在书房装饰设计中，应将主人的情趣充分融入其中：一件艺术收藏品，几幅主人钟爱的绘画、照片或其亲手写的墨宝，或是几个古朴简单的工艺品，都可以为书房增添几分雅致。

有序是工作效率的保证。书房是藏书、读书的地方，做好书的分类十分必要。书一般可分为以下几类：随时要看的、经常需要查阅的、偶尔查阅的、偶尔翻一下的、用来收藏的，对不同的书应合理地安排存放位置。例如，随时要看的书，放在写字台旁边的书写工作区；经常需要查阅的书，放在写字台附近的书柜；偶尔翻一下的书和用来收藏的书，则放在书柜上、下的储藏区。井然有序的书房布置可以大大提高使用者的工作效率。

图 6-25　书房（一）

图 6-26　书房（二）

（3）有助于提高工作效率。

书房是在居住空间中的专用空间，有利于提高工作效率是书房设计又一个基本要求。

书房的位置选择和内部布局很重要。一定要根据工作的性质和需要来安排，要使工作能够有序、专业地开展，特别是不以写作为主的工作，如绘画、音乐制作、裁剪、科技发明、陶艺制作等，需要比较大的工作面和特殊的工作台。同时，还要注意减少外来干扰对书房的影响。例如，如果进入其他房间需要穿越书房，自然会影响工作效率，因此在位置选择和设计布局时，就应提前对书房做好规划安排。

6.4.2　书房设计与装饰

1. 书房的布局

设计师在动手进行书房设计前，要对书房进行定位。书房一般有以下几种类型，如普通书房、客房型书房、独用书房、共用书房、陈设型书房、商务型书房、家庭工作室等。设计师在与业主充分沟通的基础上确定书房的类型，然后对书房进行布局设计。

书房的面积一般为 6 ~ 30 m^2，中大型书房要进行合理的功能分区。一般来说，书房空间可以分为工作处理区、休息休闲区和展示储存区三个部分。工作处理区以主办公桌、工作椅及交谈椅为中心，在有限的空间内，将电脑、打印机、复印机、传真机等办公设备进行合理的布局。休息休闲区是工作之余适当休息的场所。展示储藏区往往带有展示性，特别是会客型工作室，可将能够证明个人业绩的奖牌、引以为傲的作品、有品位的陈设、权威的参考书放于醒目的位置。

图 6-27　书房（三）

视频：书房的设计步骤与方法

PPT：书房的设计步骤与方法

常见的书房布局形式有沿墙式、岛式、散点式、阁楼式等。沿墙式适合小书房，家具和写字台沿墙展开，活动空间比较大，但交流比较困难。散点式适合大型书房，写字台、会客区家具分散布置，各得其所。阁楼式适合层高比较高的房间，上下分区。

2. 书房的常用材料

（1）墙面。书房墙面装饰装修材料常用涂料、墙纸、织物、玻璃、石膏板、木夹板等。

（2）地面。书房的地面装饰装修材料常用木地板、地毯等。会客的工作室可选用抛光砖等美观并易于清洗的材料。

（3）顶棚。书房顶面装饰装修材料常用纸面石膏板、涂料、墙纸、布艺或木地板。

（4）门窗。书房门窗材料常用铝合金、塑钢、木材、玻璃等。

（5）固定家具或隔断。书房中的固定家具、隔断常用材料有木材、夹板、装饰面板、艺术玻璃等。

3. 书房的色彩与照明

（1）书房的色彩。书房的色彩要柔和，使人平静，最好以冷色调为主。一般来说，书房的墙面、顶棚色调应选用典雅、明净、柔和的浅色，如淡蓝色、浅米色、浅绿色，尽量避免跳跃和对比的颜色。

（2）书房的照明和采光（图 6-28）要求较高，因为人眼在过强或过弱的光线中工作，都会造成视觉疲劳。写字台最好放在光线充足但阳光不直射的地方。书房的照明设计尽可能利用自然光，自然光有很强的表现力，也有生机勃勃的感觉。淡雅的书房使人感觉清爽，一般都为侧面采光，尽量能使光线从左侧后方射入，如果有高窗采光的条件，一定要充分利用，最好为顶面采光。书房的人工照明宜采用整体照明，所谓整体照明就是直接照明、氛围照明、局部照明和安全照明相结合的照明方式，注意主灯最好可调节亮度，同时应以直接的工作照明为主。书房的照度要求为 140 ~ 300 lx。

4. 书房的家具与陈设

（1）书房的家具（图 6-29）。书房的家具包括写字台、写字椅、电脑桌、书柜、工作台、会客椅或沙发、折叠家具等。写字台一般由主写字台和辅助写字台组成，要求必须满足使用功能、有特色，一般书房可以选择小巧玲珑的写字台，会客的工作室或商务工作室也要考虑有足够的气派。

图 6-28　书房的采光

图 6-29　书房的家具

写字椅主要有两种类型：一类是功能型转椅；一类是时尚文化型转椅。书柜可以设计成开敞式的，也可设计成封闭式的；可以设计成多格子式的，也可以设计成抽拉式的。另外，书房中还可配置躺椅、小茶几等休闲家具，在比较大的书房也可放置一两件健身设备。

（2）书房的陈设。书房或工作室的品位比其他房间更重要，应予以特别强调，它是家庭品位、格调的集中体现。陈设物品有以下几种：

①可以陈设字画、工艺品，器皿，带有感情的摄影。字画要着重体现品位和个性，工艺品要有民族特色，小器皿、镜子要精致、有情趣。

②植物。植物配置要强调空间的高低错落与形态对比，体现绿色生命力，注重调节氛围，增加自然的感觉。

③织物。织物在很大程度上影响书房或工作室的氛围。织物、挂毯可选择有艺术性的，窗帘、地毯的风格要与其他房间协调。窗帘选用既能遮光，又有通透感觉的浅色纱帘较适宜，而柔和的百叶窗则效果更佳，因为强烈的日照通过窗折射会变得温婉舒适。

■ 知识拓展

书房在古代又叫作书斋，是专门用作阅读、写字、清修或工作的地方。《书斋说》里讲：书斋宜明朗、清净，不可太宽敞。中国人的书房讲究的不是空间大，而是明净，使人身心舒畅。

6.5　卫生间空间设计

6.5.1　卫生间设计的基本原理

卫生间（图 6-30 和图 6-31）是家庭中处理个人卫生的空间，包括洗漱、淋浴、如厕等空间。浴厕间的室内环境应整洁，平面布局要紧凑合理，设备与各管道的连接应可靠、便于检修。

视频：卫生间设计的
基本原理

1. 卫生间的设计要求

（1）尺度。

①面积：5~10平方米。②保证各功能使用尺寸。

（2）布置。

①依照动线布置。②独立式、折中式、兼用式。③按使用功能布置。

（3）卫生间照明、采光及换气设备。

①自然采光、人工照明。②集成吊顶暖风机（风暖、浴霸灯、排气扇一体）。

卫生间是现代居住空间必不可少的功能空间，在现代装饰设计中越来越受到人们的重视，在一些户型较大的套房或别墅中会设置多个卫生间，分为卧室卫生间和公共卫生间两种。

图 6-30　卫生间（一）

PPT：卫生间设计的基本原理

受欧美影响，卫生间一般由厕所、盥洗室和浴室三个空间的组合而成。厕所除方便之外，必须附带洗手的功能，俗话说"饭前便后要洗手"，这有利于健康。盥洗室是用来洗脸、洗手、刷牙和简单化妆的。浴室的主要功能是用来洗澡的。三者在功能上紧密联系，所以大多数的家庭接受这样的设计，合三为一。随着时代的发展，卫生间满足人们的基本功能需求已不是问题，时尚的卫生间设计不但整洁美观，而且情调高雅，甚至气味芬芳。

2. 设计卫生间时应注意的问题

在卫生间的设计中，要注意以下几个问题：

（1）满足基本功能需求。一般的洗手间具有方便、洗澡、日常洗涤、储物、洗衣等基本需求，所以其环境具有私密性、合理性、享受性等要求。

①私密性。私密性的布局与设计一般有以下几种形式：可以使用磨砂玻璃，透光不

图 6-31　卫生间（二）

透形；使用浴帘，可以遮挡视线，也防止水的外溅；使用窗帘，可以随时按需调节。

②合理性。卫生间的合理设计应做到"四个分离"：

a. 干湿分离。设计师可以根据使用者的功能需求和审美需求来放置不同形式的浴室柜。各种洗浴用品、清洁用品以及衣服等分门别类的放置。另外，还可以根据家庭成员来分类，使每个人都有独立的储物空间，让使用者更方便、卫生。

b. 厕浴分离。卫浴功能分拆，大小便区与洗手洗脸区分开，能更好地满足使用要求，减少互相的干扰（图6-32）。

c. 脸、手、脚分离。设置两个盥洗盆，一个专门洗手，一个专门洗脸。还可设专门的洗脚盆，保证卫生干净，不交叉感染。

d. 男女分离（看实际情况）。男女方便的方式不同，男士站立式小便客观上容易造成便器的污染，为了卫生的需求，在空间允许的条件下应安装男士小便器。

③享受性。在一些豪宅的设计中，卫生间的空间较大，有的超过了 12 m^2。它将音乐、影视、家具、绿化、小型更衣空间、化妆空间，甚至小书房、小酒吧也融进卫浴空间。

卫浴功能的舒适性、休闲性大大提高。还可在洗手间设置个性化的洗浴设备，如木桶浴、维其浴、冲浪按摩浴、干热蒸气浴、桑拿浴、芳香浴等。

（2）把握卫浴的流行趋势。卫生间的设计风格和材质需要特别关注。近两年金属材质的卫浴制品越来越多，如金属的浴室把手、毛巾杆、卷纸器、肥皂盒、口杯、棉签盒以及铜铝复合或铝制的新型的散热器等。石材、玻璃、木材等成为陶瓷制品的替代品。玻璃面盆受女性青睐；木制浴桶让"小资"心动；玻璃马赛克在卫生间里大行其道。小小的细节变化让卫浴间整体变得时尚而有个性（图 6-33）。

图 6-32　卫生间（三）　　　　　　　　　图 6-33　卫生间（四）

6.5.2　卫生间设计与装饰

视频：卫生间设计要点

1. 卫生间的布局设计

根据卫生间的面积大小进行卫生间合理布局（图 6-34）。

面积为 $1.5 \sim 2\ m^2$，布置洗脸盆台、坐便器即可。

面积为 $3 \sim 4\ m^2$，可布置洗脸盆、坐便器、淋浴房或浴缸、浴柜、洗衣机、电话。

面积为 $4 \sim 6\ m^2$，布置洗脸盆、坐便器、妇洗器、淋浴房、浴缸、拖把盘、浴柜、洗衣机、干发器、电话。

面积为 $6 \sim 8\ m^2$，布置洗脸盆两个、坐便器、妇洗器、淋浴房（多功能）、浴缸（冲浪或加气）、拖把盆、浴柜、洗衣机、干发器、电话。

实行"三个分离"：即干湿分离、洗便分离、淋泡分离。

2. 卫生间的界面装饰

PPT：卫生间设计步骤与方法

卫生间的顶面变化不是很多，基本上以一种材质为主。常用材质有 PVC 扣板、铝扣板、玻璃、木材等。墙面大多采用瓷砖，有的是通体一色的瓷砖，有的采用三段式、二段式，色彩交界的部位可用花瓷砖装饰（图 6-35）。当然个性化的设计材料往往不局限于马赛克瓷砖，玻璃、防腐木材、亮水泥、油漆、文化石等都是可选的材料。卫生间的地面一般不做造型变化的设计，以一种造型为主，面积大的卫生间可以通过材质变化来丰富效果。地面常用的材料有防滑砖、玻璃、防水地板、防水油漆等。

图 6-34　卫生间布局设计　　　　　　　　图 6-35　卫生间界面装饰

3. 卫生间的色彩和照明

卫生间的色彩应以淡雅、浪漫、清洁的色彩为主，明度接近，反差不宜太大。淡雅风格的卫生间，中性色系是最佳选择，中间偏亮的色调比较适宜；浪漫风格的卫生间，其典型色调是粉红系列。强烈的颜色要慎用，若使用也要使其退远，作为背景处理。

卫生间的照明总体上应该给人明亮清爽的感觉。一般情况下，普通的卫生间只要在镜前安装一个镜前灯，在浴缸上安装一个浴霸就可以满足照明要求了。镜前灯的照明一定要有合适的亮度，灯光色彩保持自然，不要给人虚假的光影，应不刺眼，没有眩光。在豪华的卫生间可以使用多种照明，如整体照明、局部照明、功能照明、氛围照明、夜间照明灯，可以随意调节。灯具的造型要感性一些，富有情调和想象力，可采用灯带的形式，利用一定的图案造型，营造浪漫的氛围。总之，卫生间灯具的选用要以镜前灯和泡澡需要为主。

4. 卫生间的设备和陈设

随着社会经济的发展，卫生间的设备也越来越丰富，造型、色彩更加漂亮。卫生间使用的主要设备有盥洗台、浴缸、淋浴房、五金、洁具、热水器、化妆品柜等（图6-36）。这些产品都有不同型号和价位，设计师要根据需求合理配置。卫生间的陈设品包括挂画、工艺品、器皿和植物等，设计师要从审美的角度，选购一些艺术水平较高，有文化氛围的陈设品。

图 6-36　厕浴分离

小提示

若要提升整个卫浴空间的采光能力，在进行卫生间装修时，则需要对整体进行把握。自然采光能力不足，在铺贴瓷砖时要选用亮度较高有一定反光的浅色系瓷砖，最好不要选择仿古砖，因为仿古砖本身较暗。此外，还可以多选用一些镜面来增加整个卫生间的通透感。

课后思考与练习

1. 找一个客厅设计，分析它的风格、分区、功能空间设计重点，以分析图的方式完成。

2. 根据所找客厅设计，绘制其平面布置图，并按人体工程学标注尺寸数据。

3. 找一个餐厅设计，分析它的风格、分区、功能空间设计重点，以分析图的方式完成。

4. 根据所找餐厅设计，绘制其平面布置图，并按人体工程学标注尺寸数据。

5. 找一个卧室设计，分析它的风格、分区、功能空间设计重点，以分析图的方式完成。

6. 绘制两种不同的卧室平面布置图，并按人体工程学标注尺寸数据。

7. 找一个书房设计，分析它的分区、功能空间设计重点，以分析图的方式完成。

8. 根据所找书房设计，绘制其平面布置图，并按人体工程学标注尺寸数据。

9. 找一个卫生间设计，分析它的分区、功能空间设计重点，以分析图的方式完成。

10. 绘制两种不同的卫生间平面布置图方案，并按人体工程学标注尺寸数据。

模块7 | 设计案例欣赏

知识目标

1. 掌握居住空间不同户型结构的优化方法。
2. 掌握不同风格空间的设计元素。

能力目标

1. 能够根据原始户型进行空间结构分析。
2. 能够对不同结构户型进行空间优化。
3. 能够从理性层面上，运用各种设计元素进行不同风格空间的氛围表现。

简欧轻奢全景欣赏

素质目标

通过学习设计案例，学生可以开阔视野，提升职业技能，培养职业素养。

现代轻奢全景欣赏

7.1 "'简·奢'生活"案例欣赏

项目名称： "简·奢"生活
项目地址： 公园大观
设计单位： 三星装饰赣州分公司
设计师： 李亮
项目面积： 272 m²
户型： 六室两厅
装修风格： 现代风格

现代风格案例赏析

欧式风格案例赏析　　新中式风格案例赏析

主要用材： 大理石、木饰面、墙布、灰镜、不锈钢、大理石地砖、实木地板等。

设计说明： 此居室为现代风格，空间通透开阔、线条简洁、整体色调偏深，柔和的深色木饰面搭配大理石，辅以镜面、不锈钢等材质，给人一种既沉稳、大气，又处处透着时尚气息的空间格调。本居室设计在空间功能布局上做了较大改动，原本的六室户型，根据业主实际需求，重新规划了空间功能。拆掉客厅与房间的隔墙，打通后形成了大横厅的空间格局，分别安排了视听会客区和品茶区，以及休闲娱乐区，整个空间视野开阔，非常大气。

　　各空间效果如图 7-1~ 图 7-7 所示。具体施工图如图 7-8~ 图 7-32 所示。

图 7-1　客厅效果（一）

图 7-2　客厅效果（二）

图 7-3　客厅效果（三）

图 7-4　餐厅效果

图 7-5　主卧效果

图 7-6　主卫效果　　　　图 7-7　公卫效果

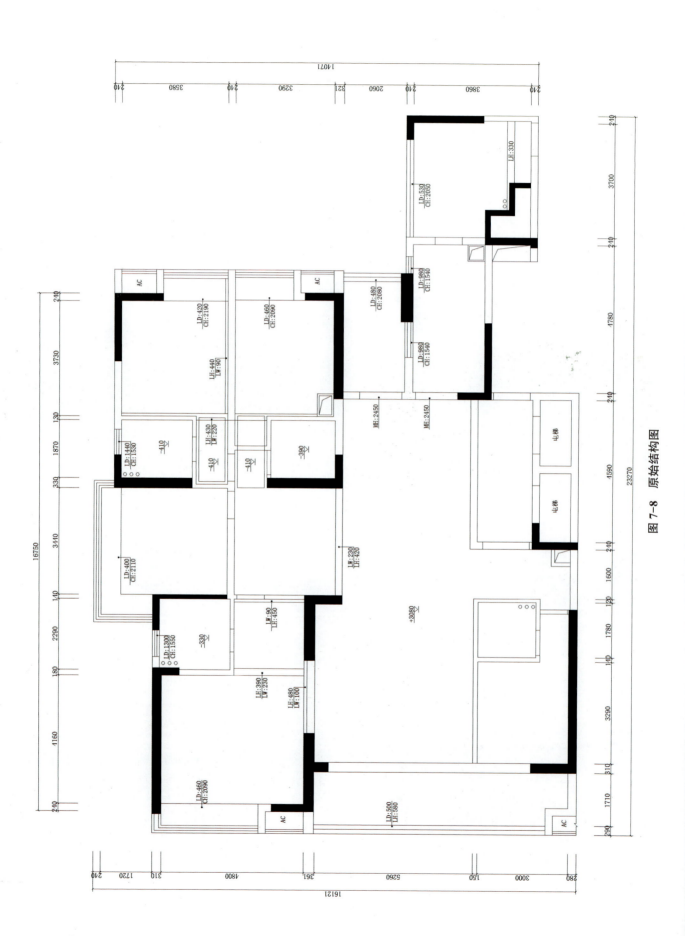

图 7-8 原始结构图

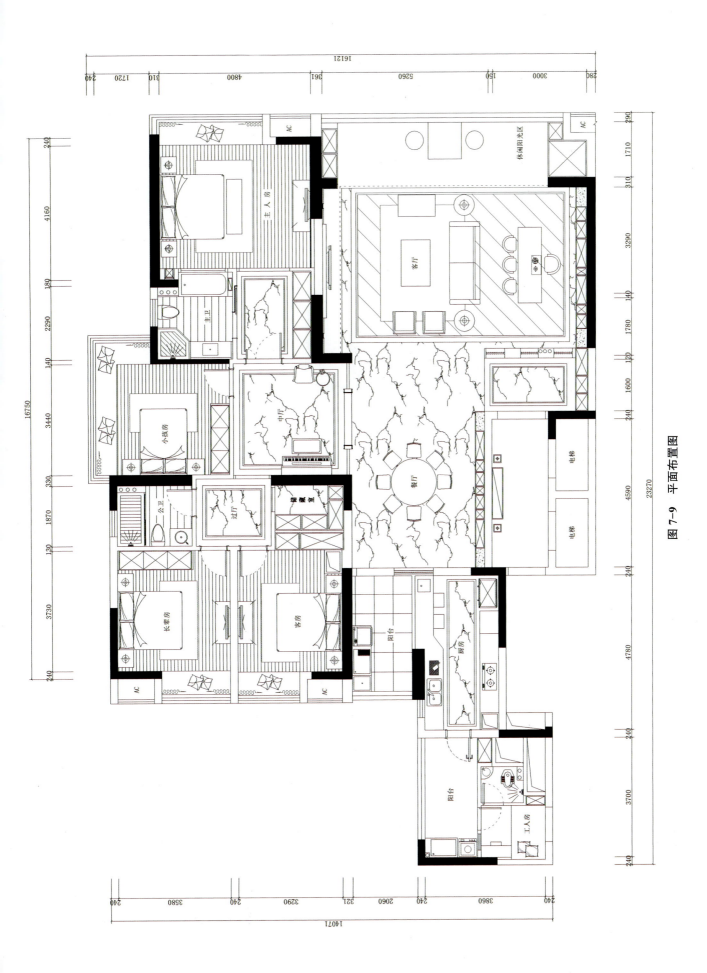

图 7-9　平面布置图

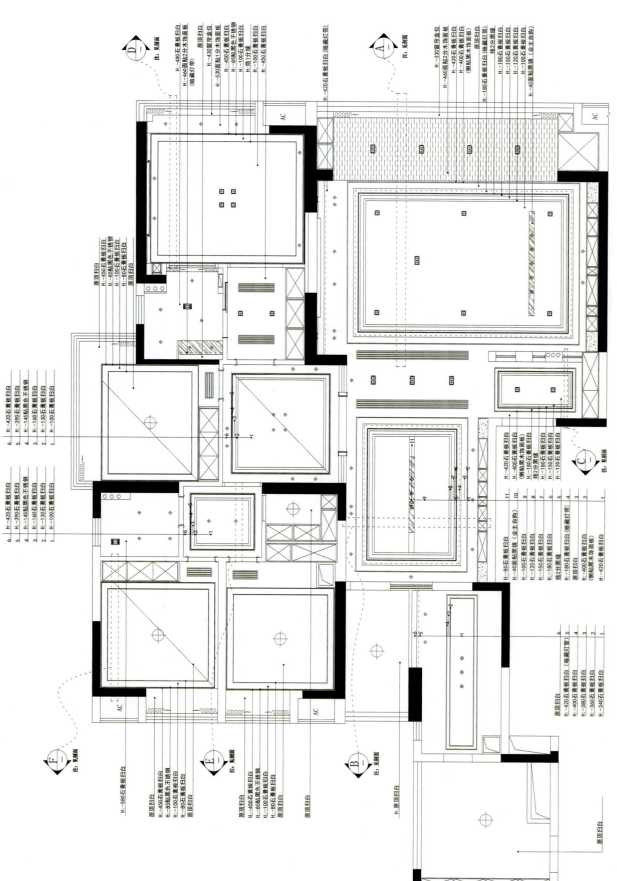

图 7-10 顶棚布置图

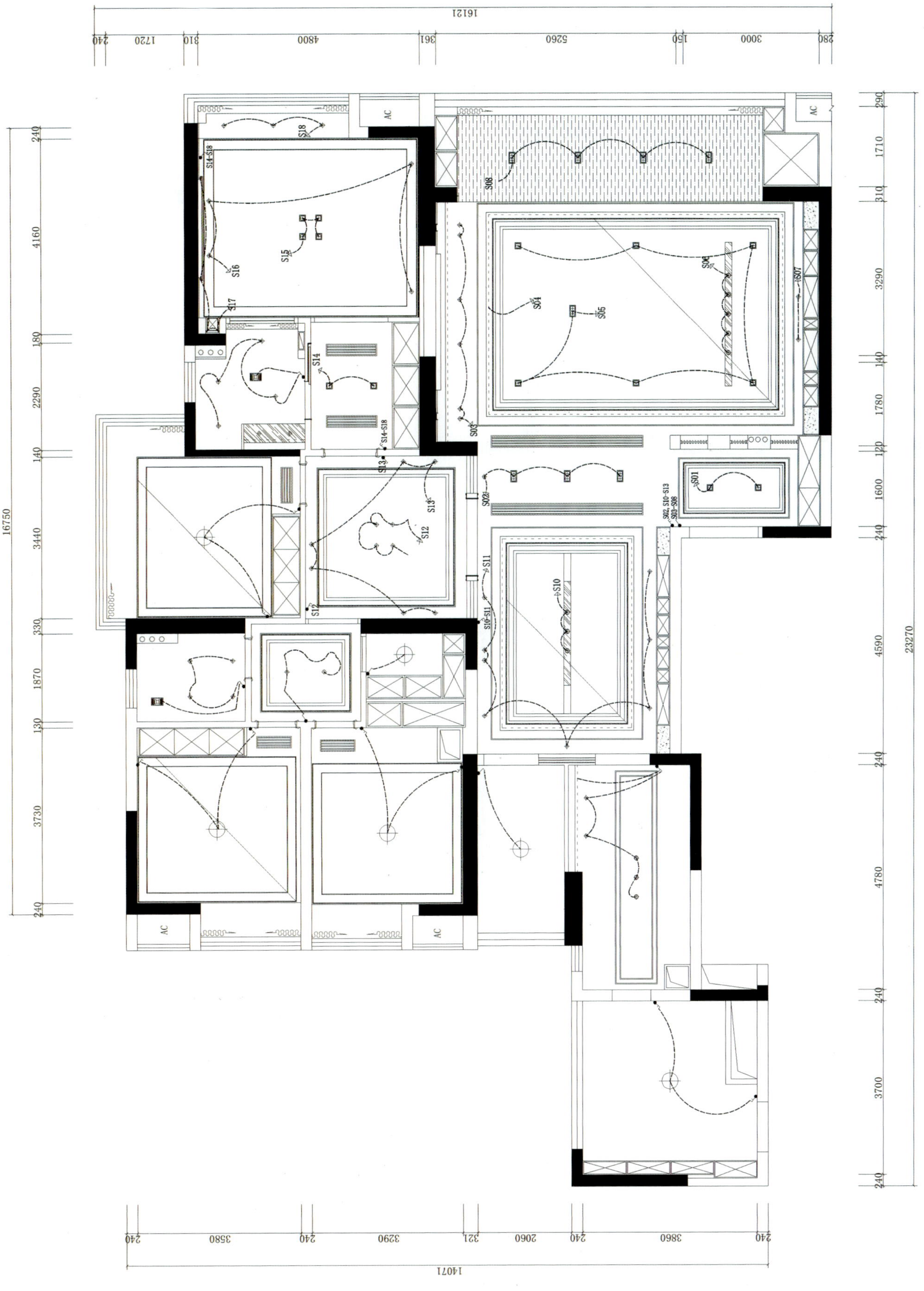

图 7-11 开关布置图

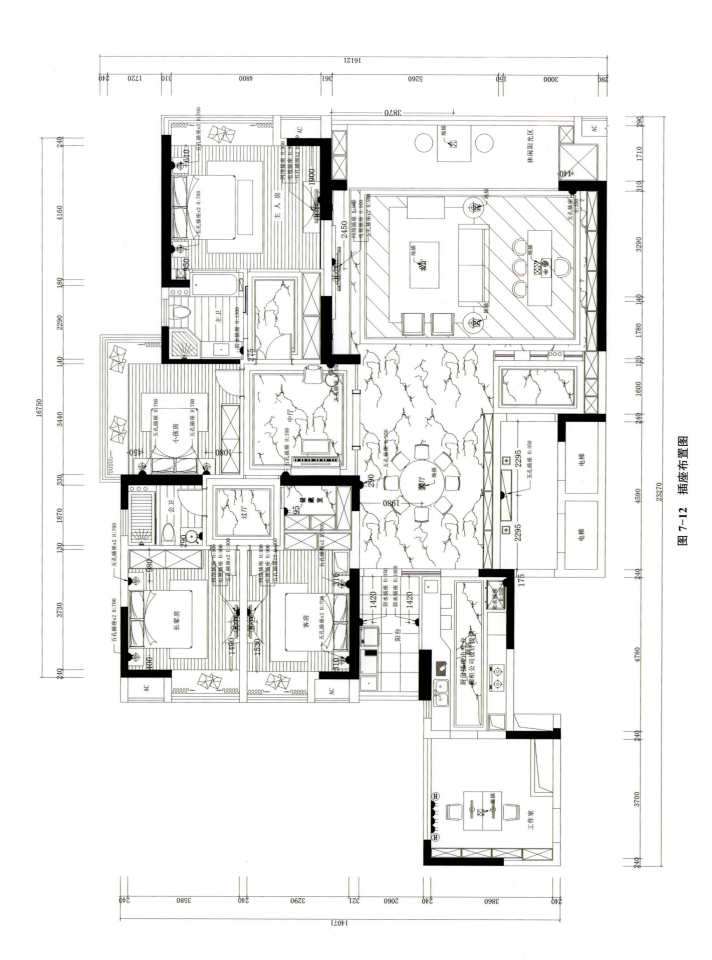

图 7-12　插座布置图

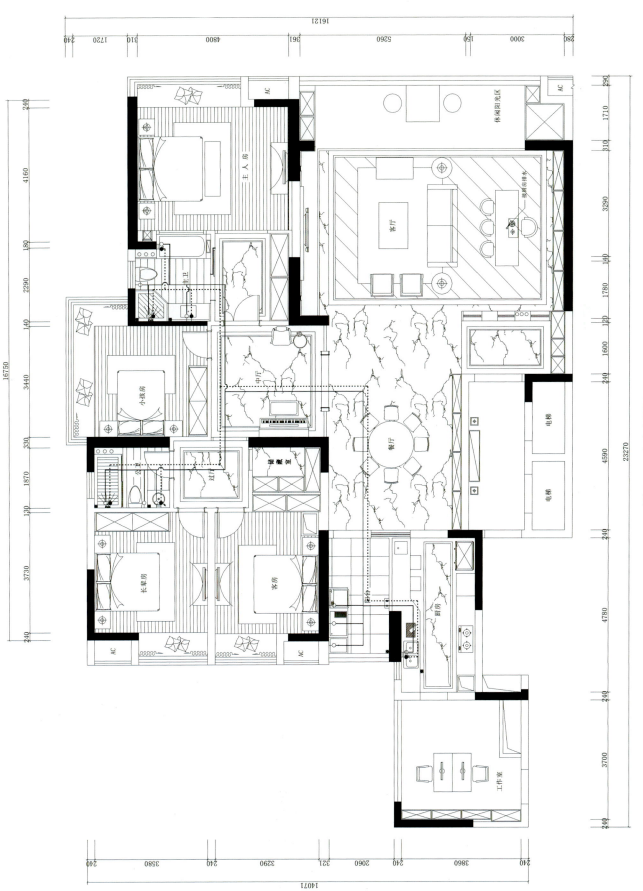

图 7-13　水路布置图

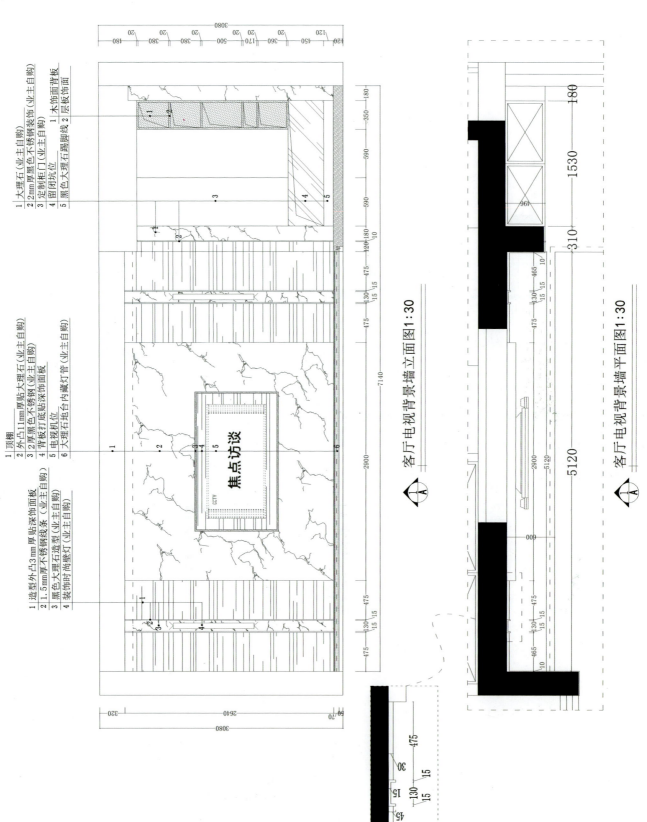

客厅电视背景墙立面图1:30

客厅电视背景墙平面图1:30

图 7-14 客厅电视背景墙立面图、平面图

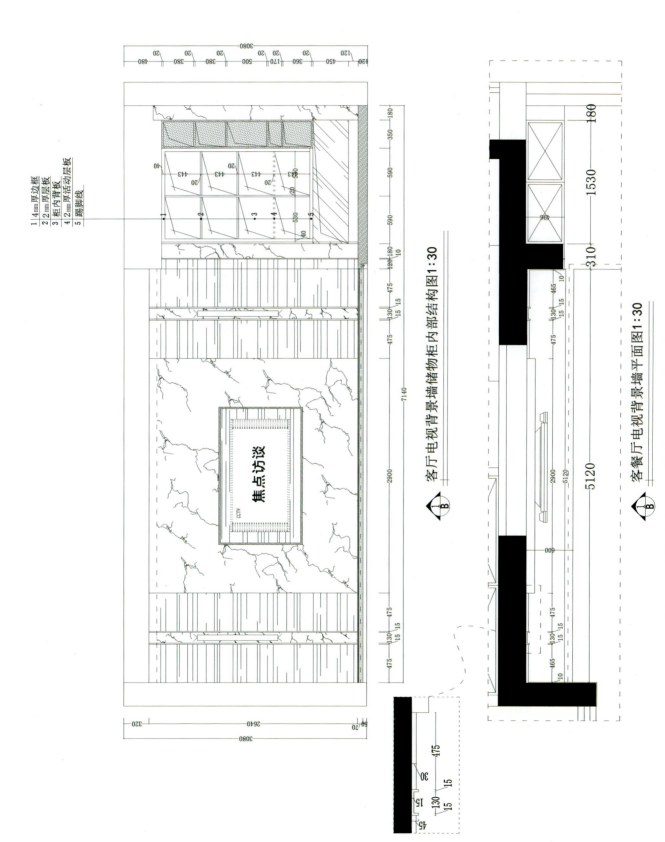

图 7-15　客厅电视背景墙平面图和客厅电视背景墙储物柜内部结构图

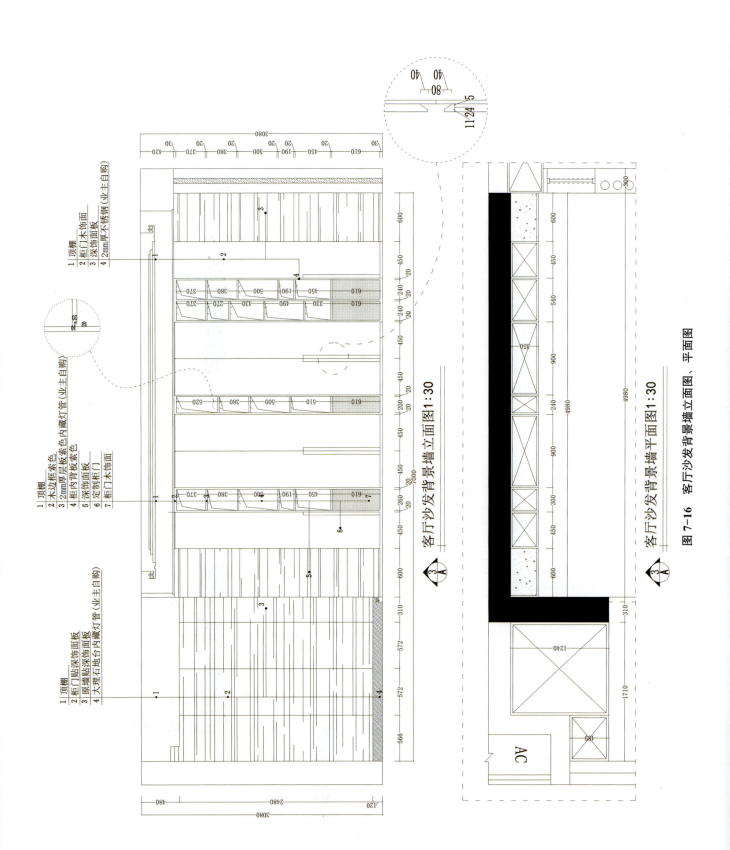

客厅沙发背景墙立面图 1:30

客厅沙发背景墙平面图 1:30

图 7-16　客厅沙发背景墙立面图、平面图

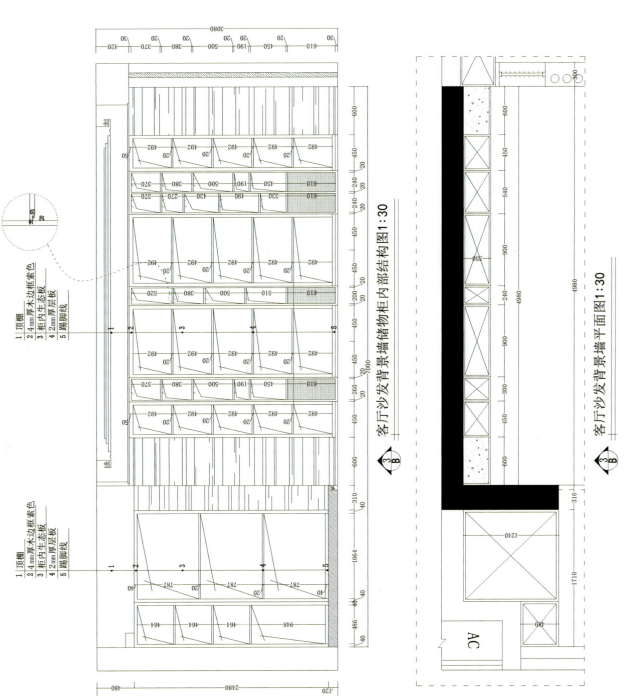

客厅沙发背景墙储物柜内部结构图 1:30

客厅沙发背景墙平面图 1:30

图 7-17　客厅沙发背景墙储物柜内部结构图和客厅沙发背景墙平面图

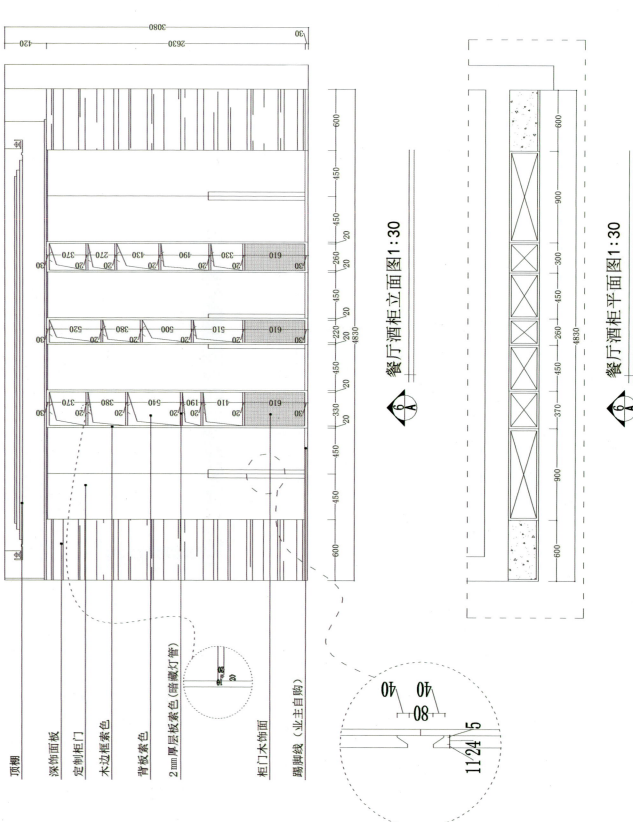

餐厅酒柜立面图1:30

餐厅酒柜平面图1:30

图 7-18　餐厅酒柜立面图、平面图

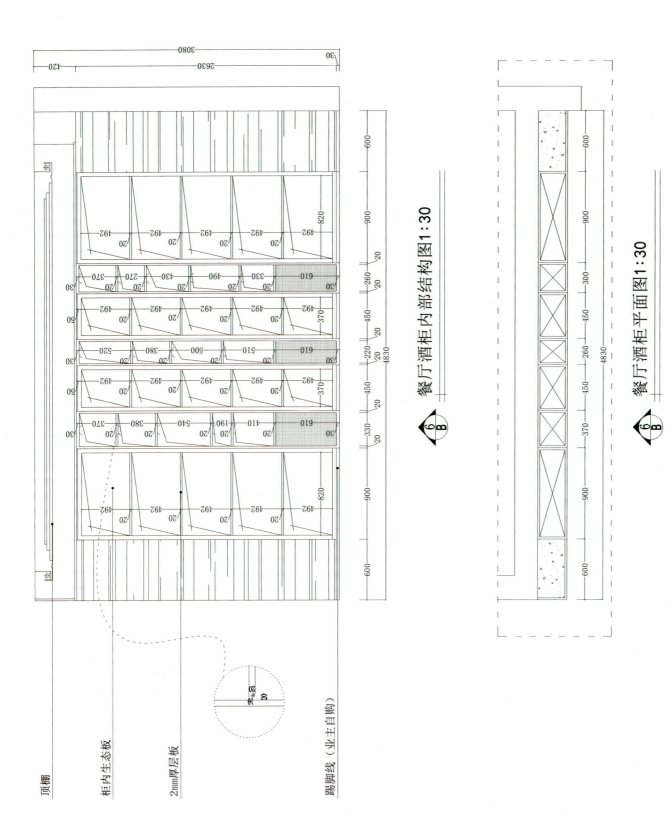

图 7-19　餐厅酒柜内部结构图和餐厅酒柜平面图

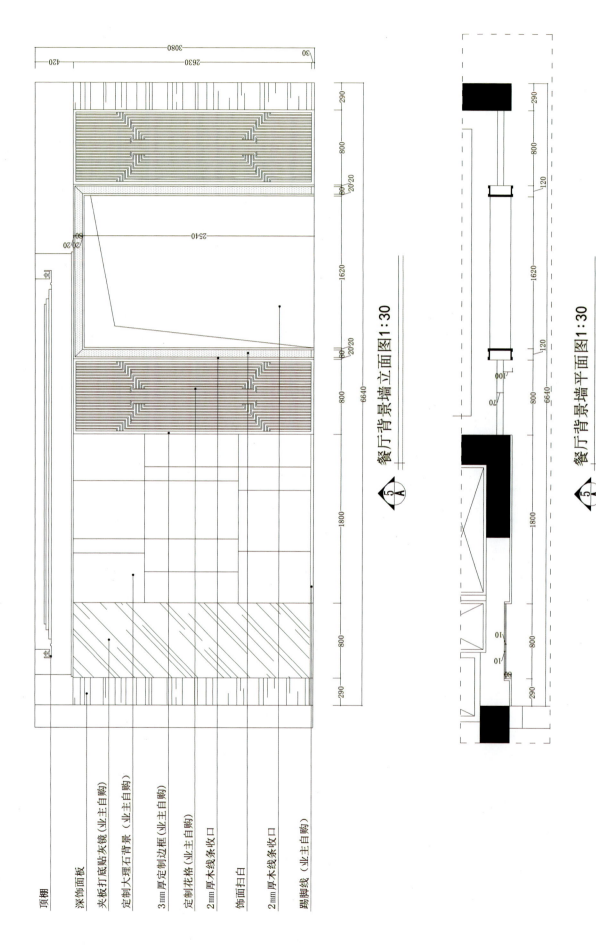

顶棚

深饰面板

夹板打底贴灰镜（业主自购）

定制大理石背景（业主自购）

3mm厚定制边框（业主自购）

定制花格（业主自购）

2mm厚木线条收口

饰面扫白

2mm厚木线条收口

踢脚线（业主自购）

餐厅背景墙立面图1:30

餐厅背景墙平面图1:30

图7-20 餐厅背景墙立面图、平面图

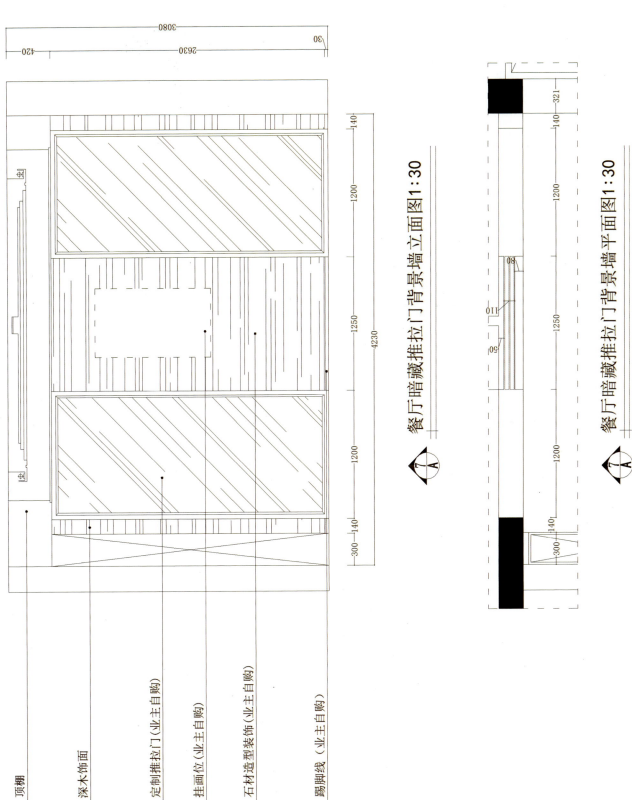

顶棚

深木饰面

定制推拉门（业主自购）

挂画位（业主自购）

石材造型装饰（业主自购）

踢脚线（业主自购）

餐厅暗藏推拉门背景墙立面图1:30

餐厅暗藏推拉门背景墙平面图1:30

图 7-21　餐厅暗藏推拉门背景墙立面图、平面图

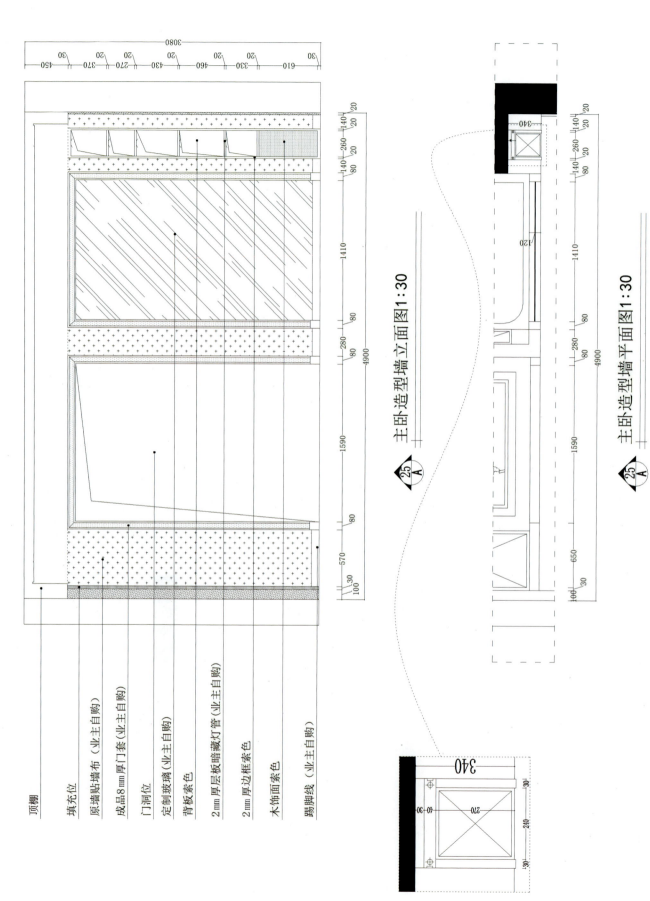

顶棚

填充位

原墙贴墙布（业主自购）

成品8mm厚门套（业主自购）

门洞位

定制玻璃（业主自购）

背板素色

2mm厚层板暗藏灯管（业主自购）

2mm厚边框素色

木饰面素色

踢脚线（业主自购）

主卧造型墙立面图1:30

主卧造型墙平面图1:30

图 7-22　主卧造型墙立面图、平面图

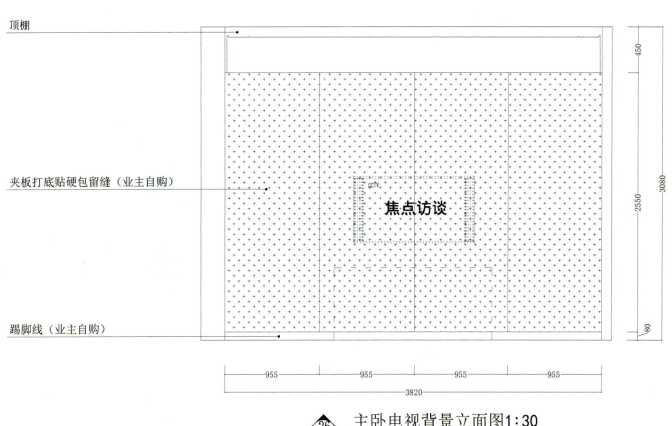

顶棚

夹板打底贴硬包留缝（业主自购）

踢脚线（业主自购）

焦点访谈

450

2550

3080

80

955　955　955　955

3820

$\underset{A}{\boxed{26}}$ 主卧电视背景立面图1:30

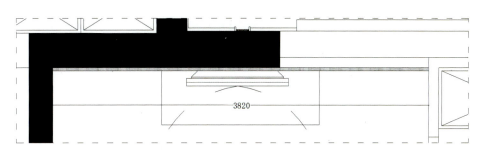

3820

$\underset{A}{\boxed{26}}$ 主卧电视背景平面图1:30

图 7-23　主卧电视背景立面图、平面图

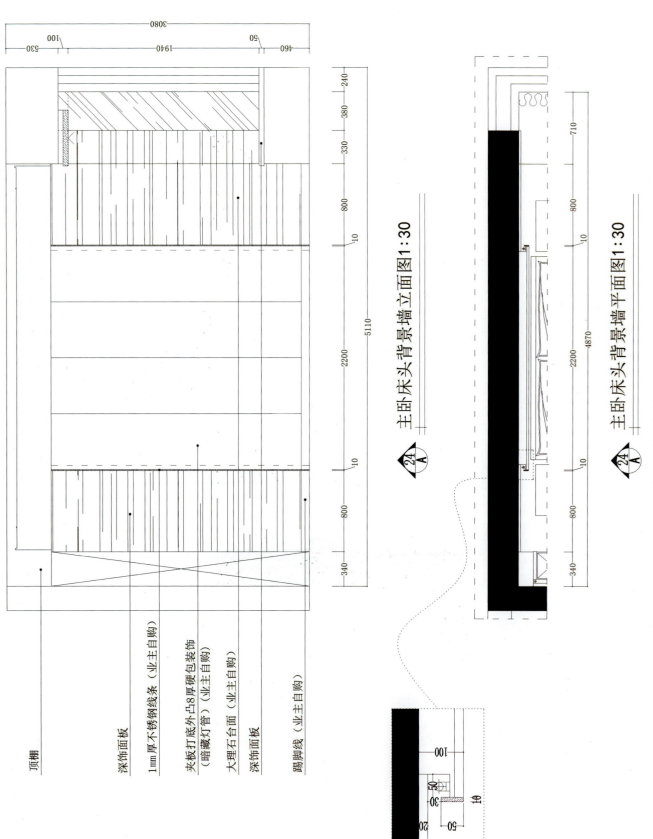

顶棚

深色面板

1mm厚不锈钢线条（业主自购）

夹板打底外凸8厚硬包装饰（暗藏灯管）（业主自购）

大理石台面（业主自购）

深色面板

踢脚线（业主自购）

主卧床头背景墙立面图1：30

主卧床头背景墙平面图1：30

图7-24　主卧床头背景墙立面图、平面图

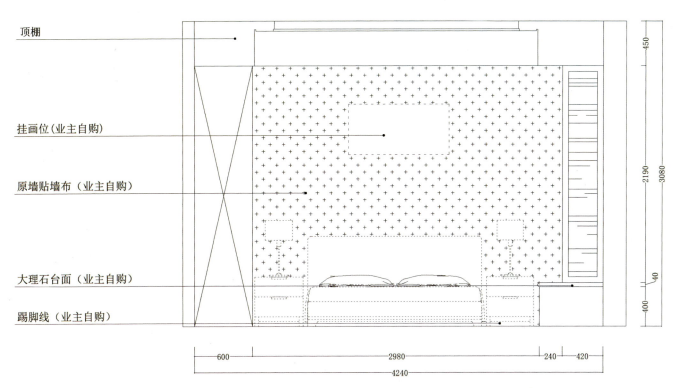

顶棚

挂画位（业主自购）

原墙贴墙布（业主自购）

大理石台面（业主自购）

踢脚线（业主自购）

450

3080

2190

40

400

600　　　　　2980　　　　　240　　420

4240

⎙22
A　小孩房床头背景墙立面图1∶30

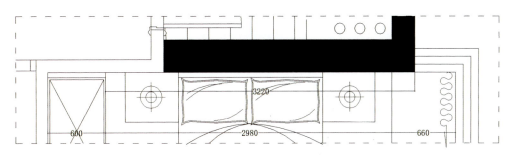

3220

600　　　　　2980　　　　　660

⎙22
A　小孩房床头背景墙平面图1∶30

图 7-25　小孩房床头背景墙立面图、平面图

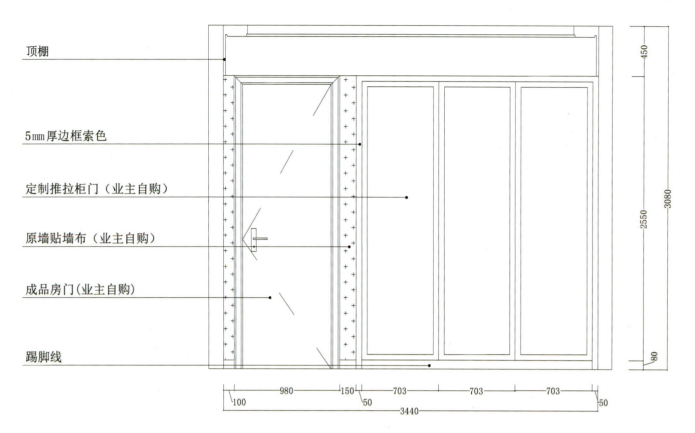

顶棚

5mm厚边框索色

定制推拉柜门（业主自购）

原墙贴墙布（业主自购）

成品房门（业主自购）

踢脚线

21
A   小孩房衣柜立面图1:30

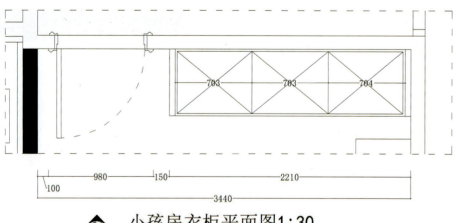

21
A   小孩房衣柜平面图1:30

图 7-26 小孩房衣柜立面图、平面图

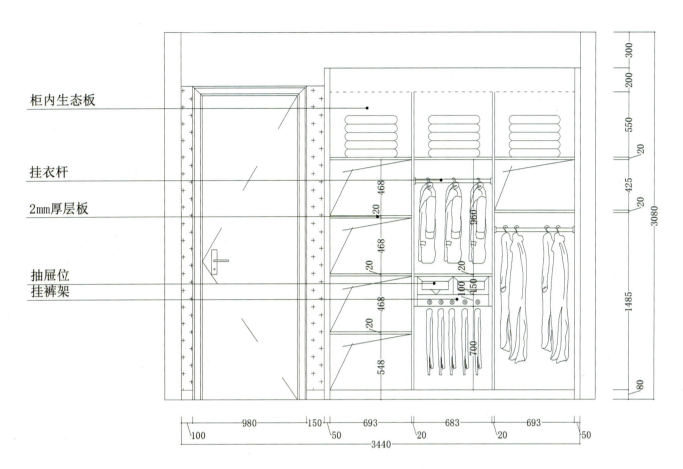

柜内生态板

挂衣杆

2mm厚层板

抽屉位
挂裤架

 小孩房衣柜内部结构图1:30

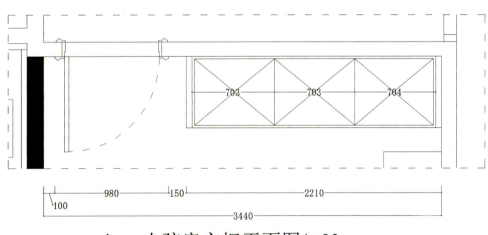

 小孩房衣柜平面图1:30

图7-27　小孩房衣柜内部结构图和小孩衣柜平面图

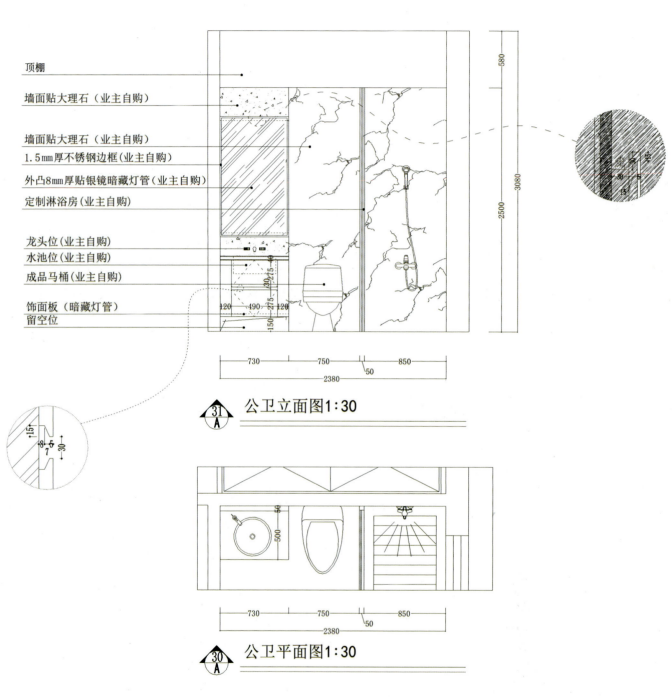

顶棚

墙面贴大理石（业主自购）

墙面贴大理石（业主自购）
1.5mm厚不锈钢边框（业主自购）
外凸8mm厚贴银镜暗藏灯管（业主自购）
定制淋浴房（业主自购）

龙头位（业主自购）
水池位（业主自购）
成品马桶（业主自购）

饰面板（暗藏灯管）
留空位

公卫立面图1:30

公卫平面图1:30

图 7-28　公卫立面图、平面图

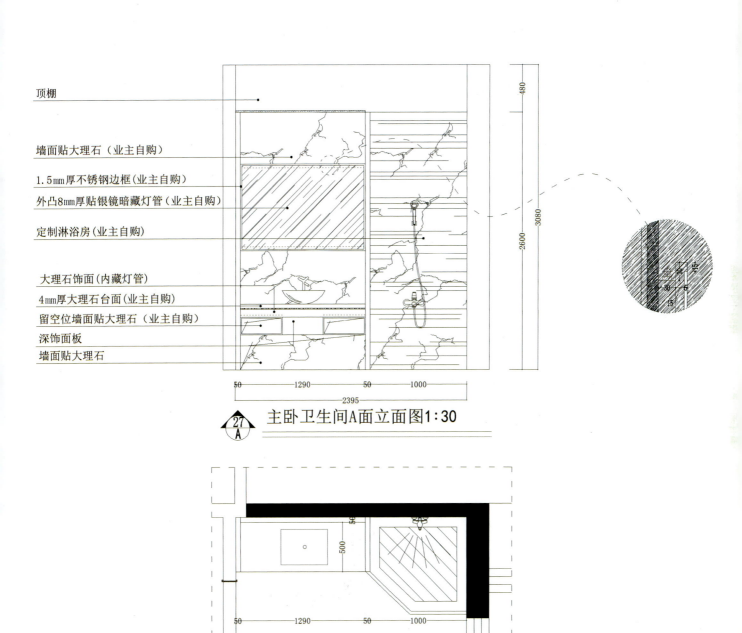

顶棚

墙面贴大理石（业主自购）

1.5mm厚不锈钢边框（业主自购）

外凸8mm厚贴银镜暗藏灯管（业主自购）

定制淋浴房（业主自购）

大理石饰面（内藏灯管）

4mm厚大理石台面（业主自购）

留空位墙面贴大理石（业主自购）

深饰面板

墙面贴大理石

主卧卫生间A面立面图1:30

主卧卫生间A面平面图1:30

图7-29　主卧卫生间A面立面图、平面图

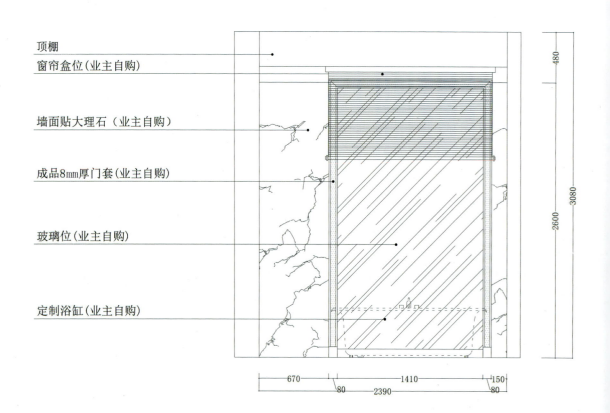

顶棚

窗帘盒位(业主自购)

墙面贴大理石（业主自购）

成品8mm厚门套(业主自购)

玻璃位(业主自购)

定制浴缸(业主自购)

 主卧卫生间B面立面图1:30

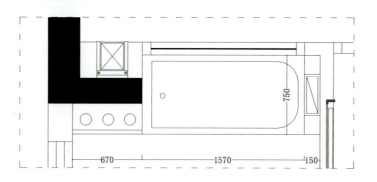

 主卧卫生间B面平面图1:30

图 7-30   主卧卫生间 B 面立面图、平面图

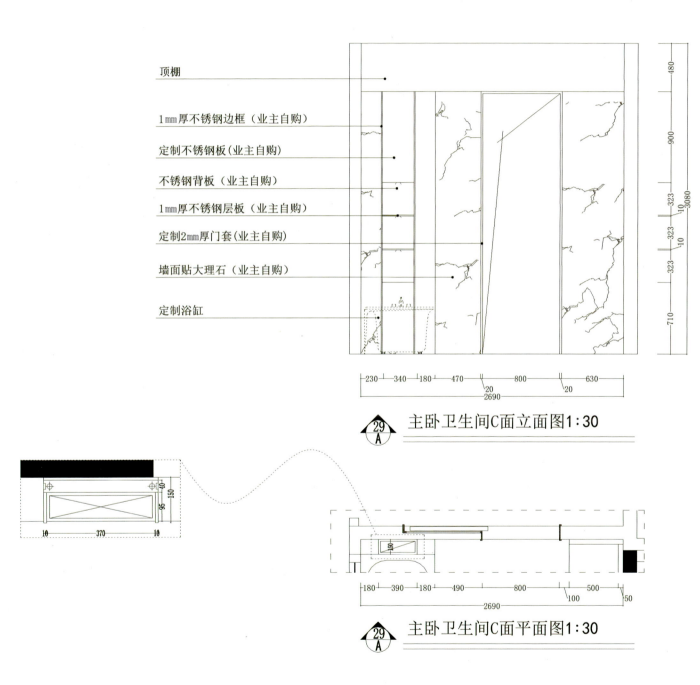

顶棚

1mm厚不锈钢边框（业主自购）

定制不锈钢板（业主自购）

不锈钢背板（业主自购）

1mm厚不锈钢层板（业主自购）

定制2mm厚门套（业主自购）

墙面贴大理石（业主自购）

定制浴缸

主卧卫生间C面立面图1:30

主卧卫生间C面平面图1:30

图 7-31　主卧卫生间 C 面立面图、平面图

顶棚

窗户位

墙面贴条形砖（业主自购）

定制淋浴房（业主自购）

墙面贴大理石（业主自购）

墙面贴条形砖（业主自购）

成品马桶（业主自购）

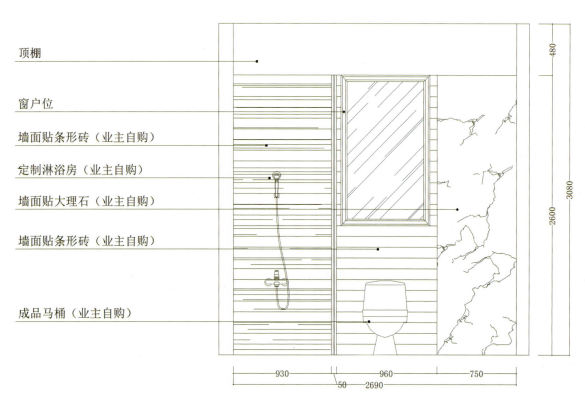

 主卧卫生间D面立面图1:30

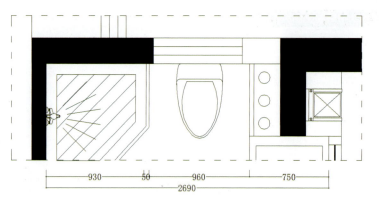

 主卧卫生间D面平面图1:30

图 7-32　主卧卫生间 D 面立面图、平面图

7.2　"诗意东方"案例欣赏

项目名称："诗意东方"

项目地址：公园大观

设计单位：三星装饰赣州分公司

设计师：李亮

项目面积：272 m²

户型：六室两厅

装修风格：新中式风格

主要用材：大理石、硬包、木饰面、不锈钢条、墙布、花格、大理石瓷砖、实木地板等。

设计说明：本案定位为新中式风格，设计师将东方的美学巧妙融入现代感的设计，新中式山水题材的硬包、大理石、木饰面和不锈钢条装饰的背景墙以及花格的隔断，搭配新中式的家具软装陈设等，都流露出浓厚的诗意氛围，彰显着业主特有的人文底蕴，整个空间处处流露出既充满古韵又具有时尚的空间主题。

各空间效果如图 7-33~ 图 7-36 所示。

图 7-33　客厅效果（一）

图 7-34　客厅效果（二）

图 7-35　客厅效果（三）

图 7-36 餐厅效果

空间实景如图 7-37~ 图 7-42 所示。

图 7-37 客厅实景（一）

图 7-38　客厅实景（二）

图 7-39　客厅实景（三）

图 7-40　棋牌室实景

图 7-41　餐厅实景

图 7-42　客餐厅实景

具体施工图如图 7-43~ 图 7-67 所示。

图 7-43　原始结构图

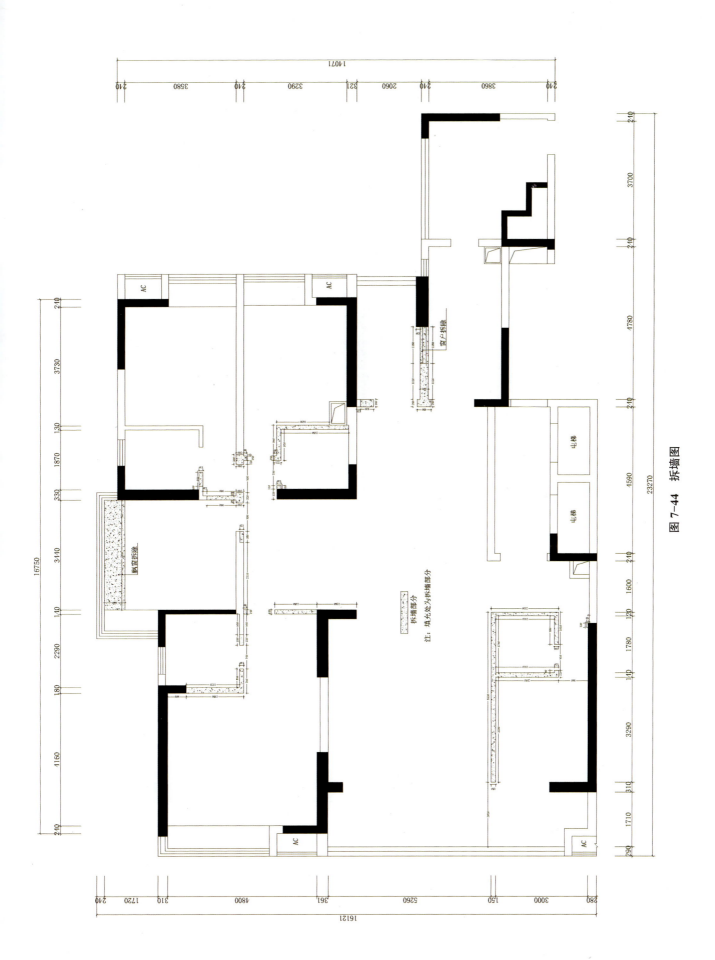

图 7-44　拆墙图

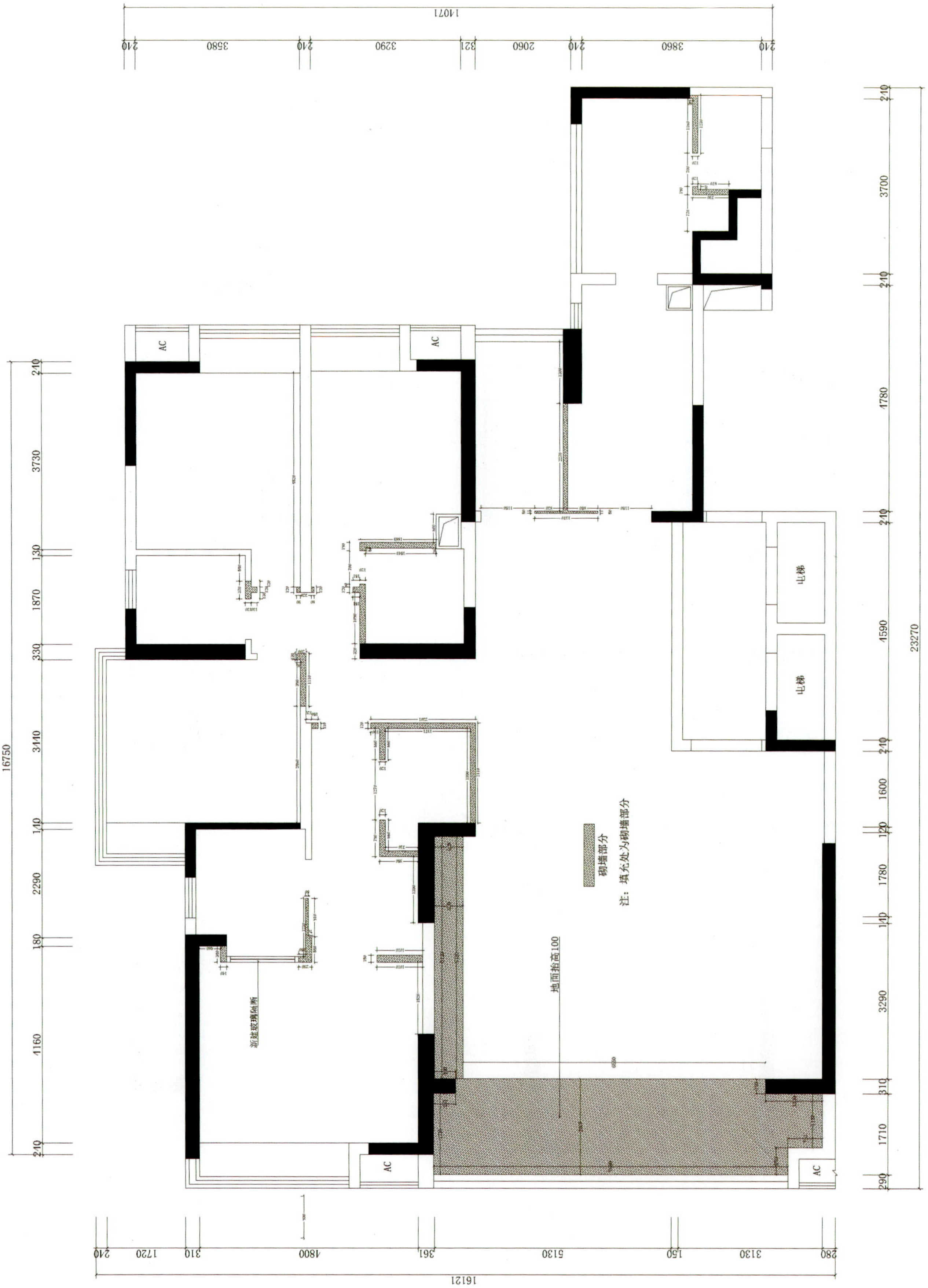

图 7-45 砌墙图

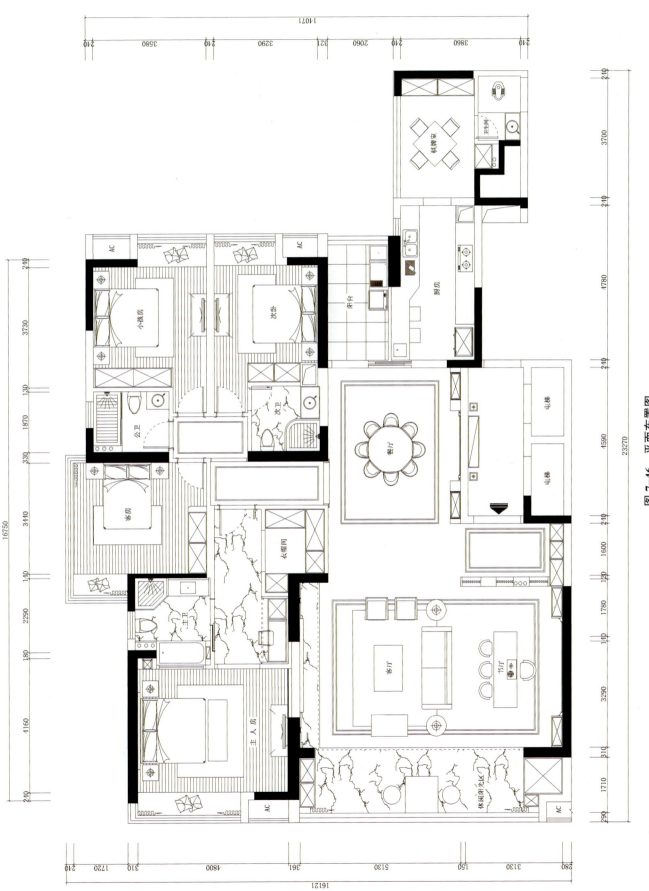

图 7-46　平面布置图

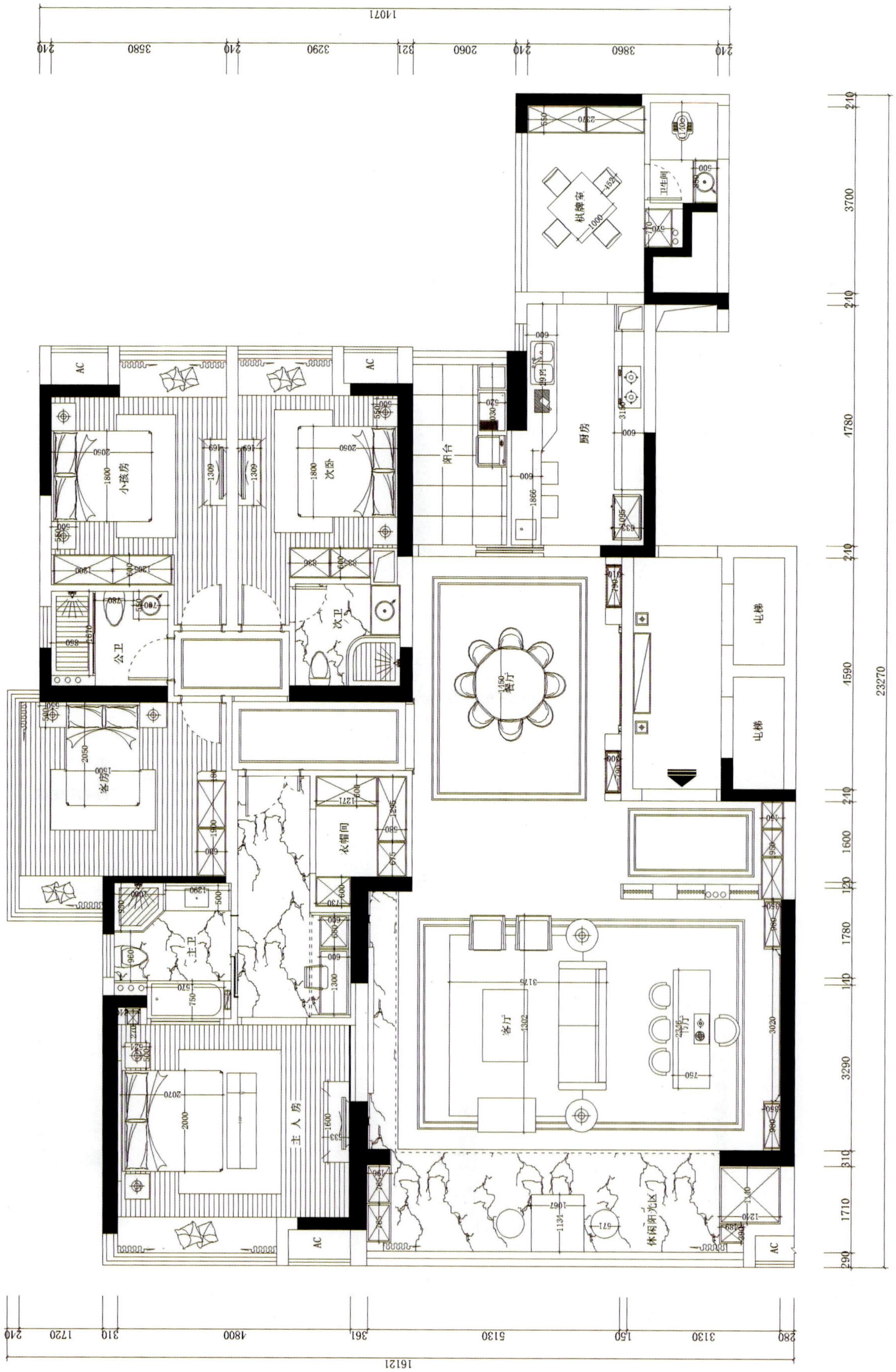

图 7-47 家具尺寸图

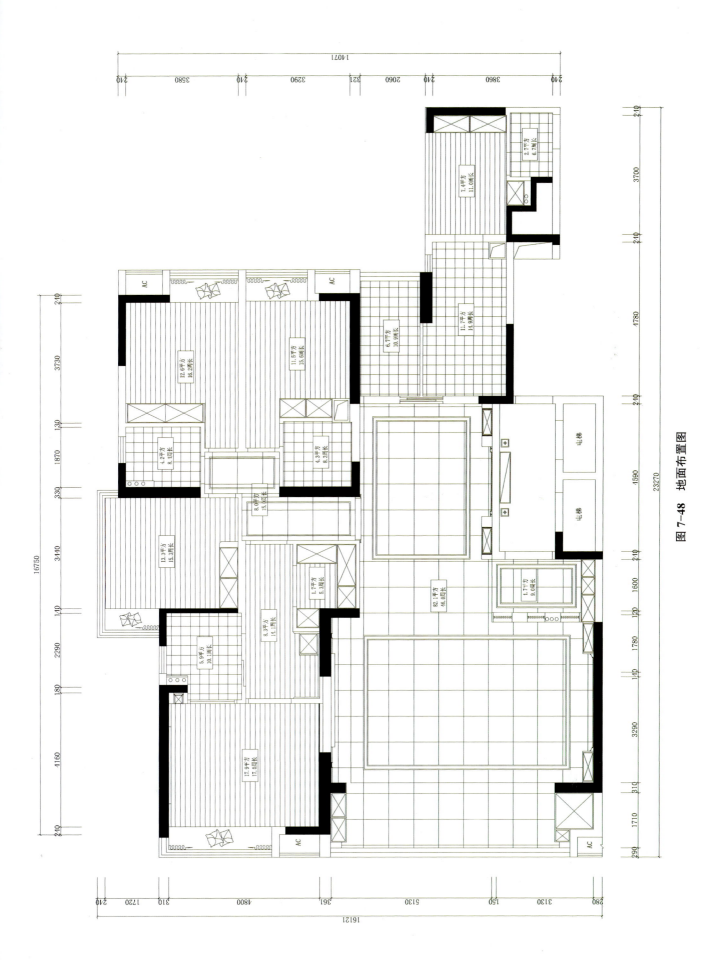

图 7-48　地面布置图

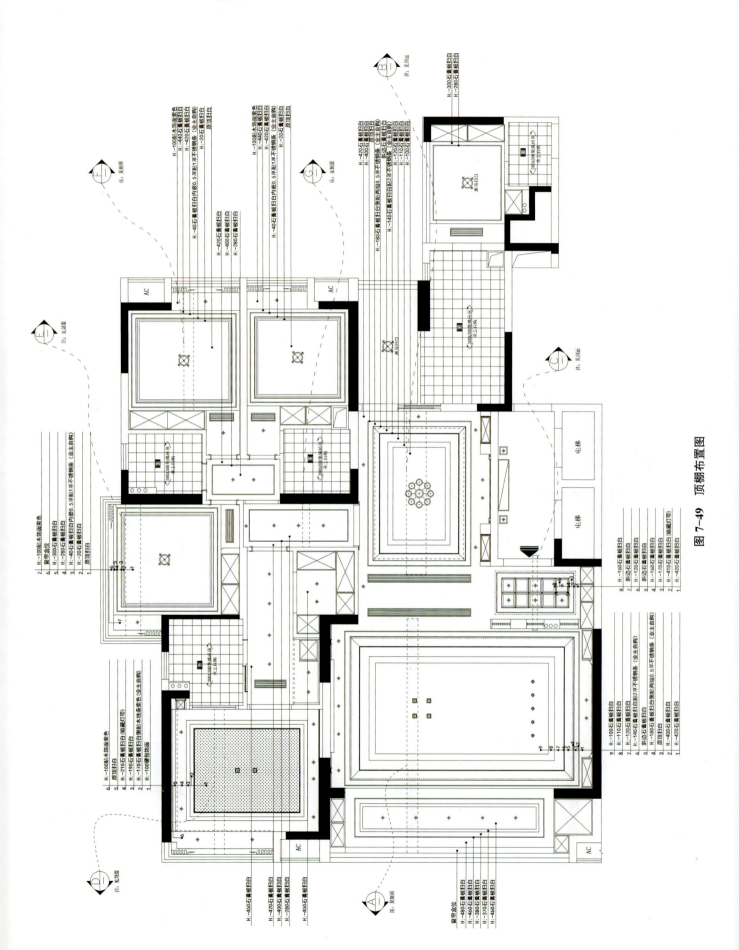

图 7-49 顶棚布置图

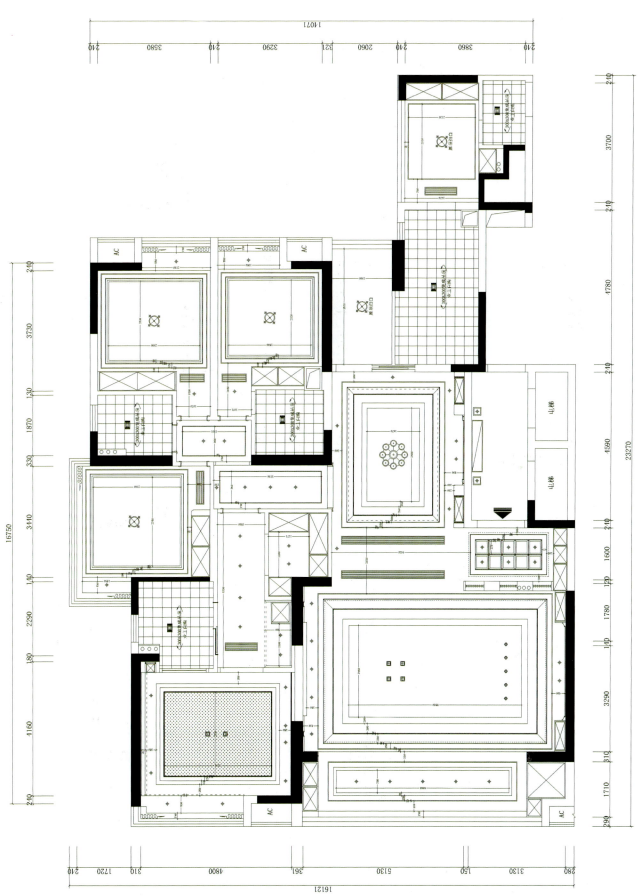

图 7-50　顶棚尺寸图

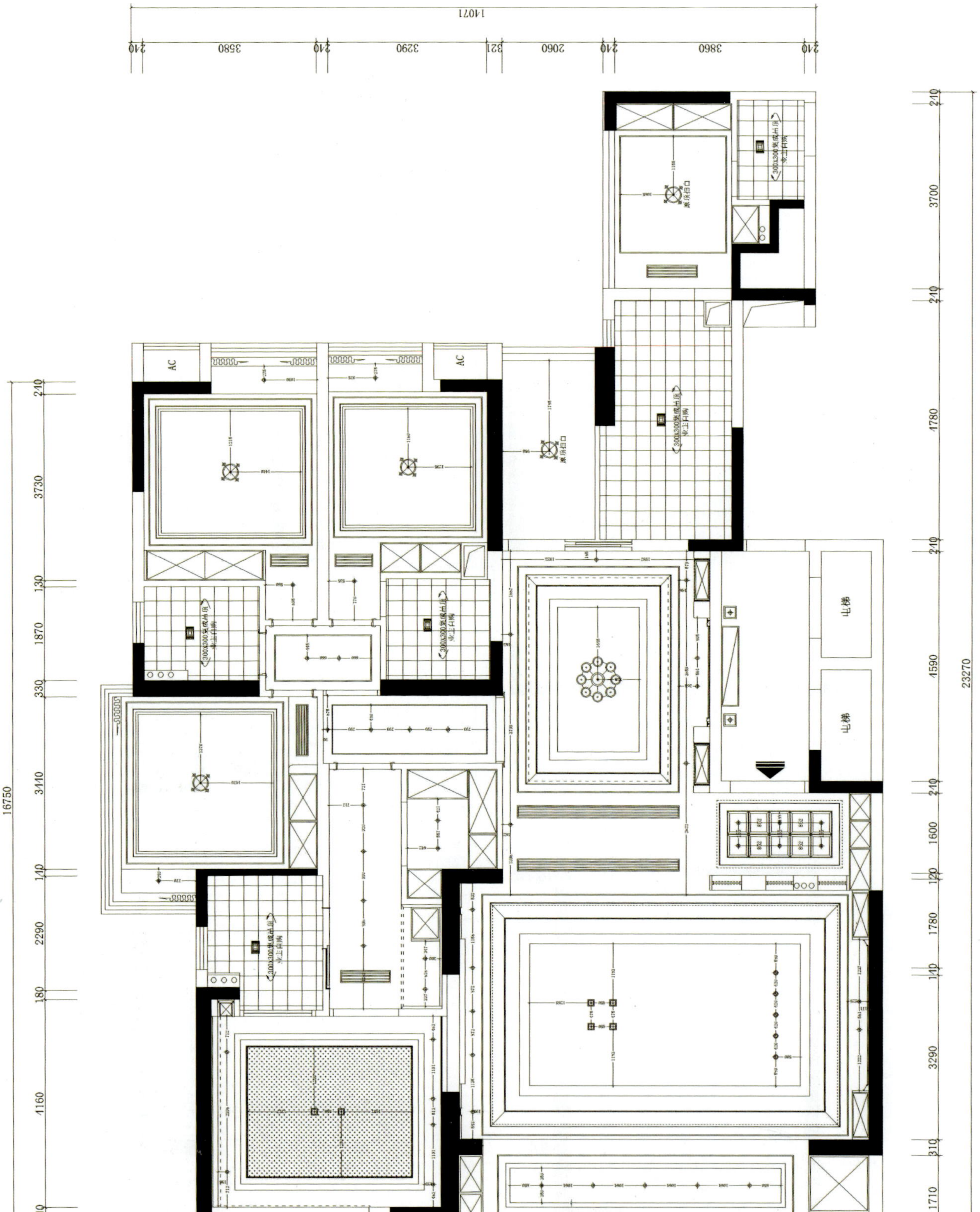

图 7-51 灯位尺寸图

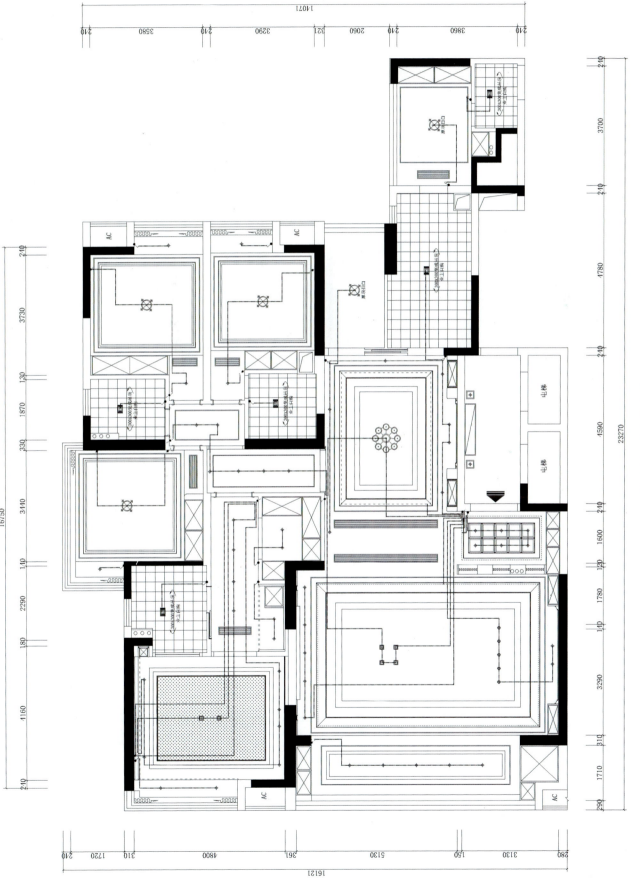

图 7-52　开关布置图

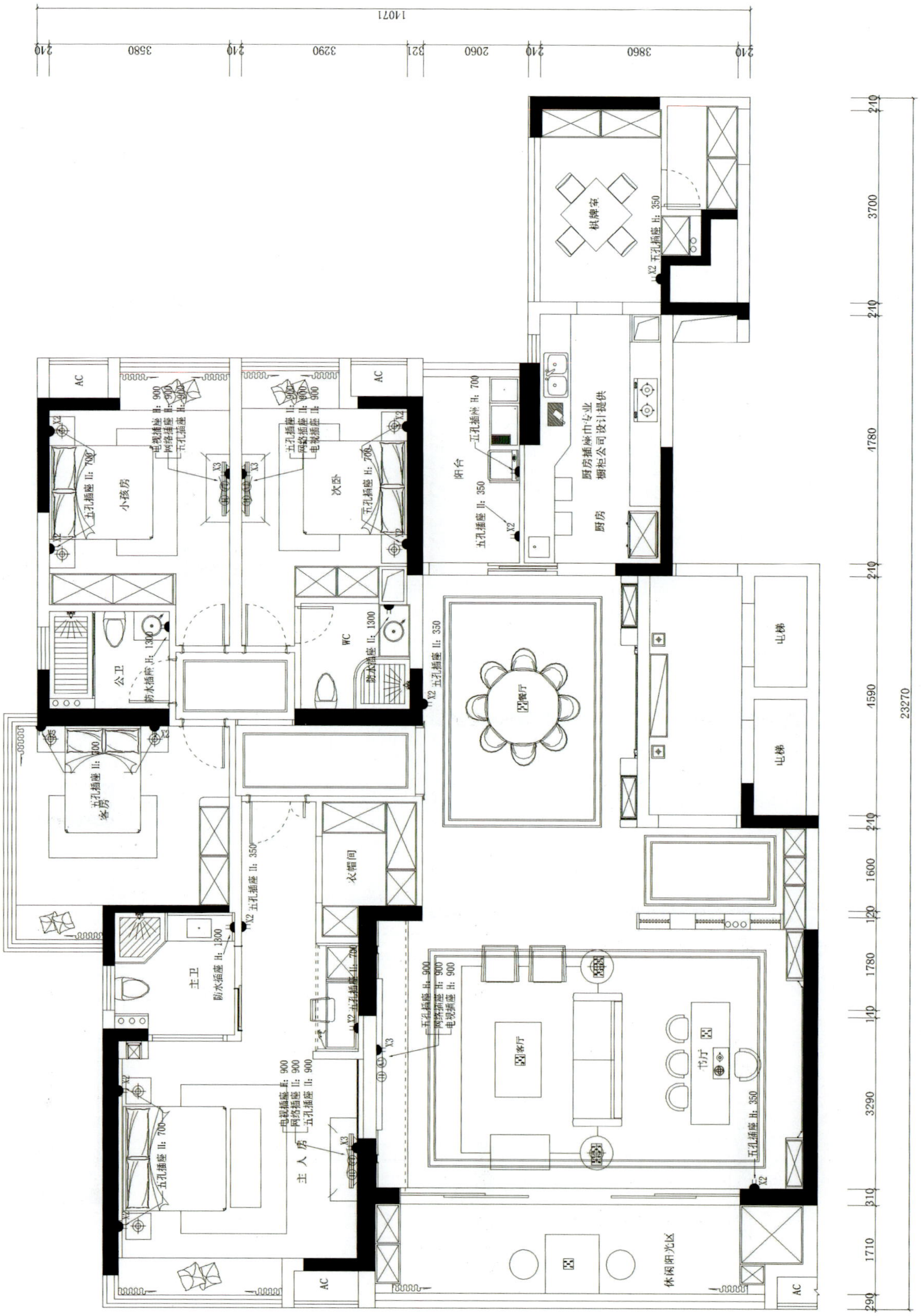

图7-53   插座布置图

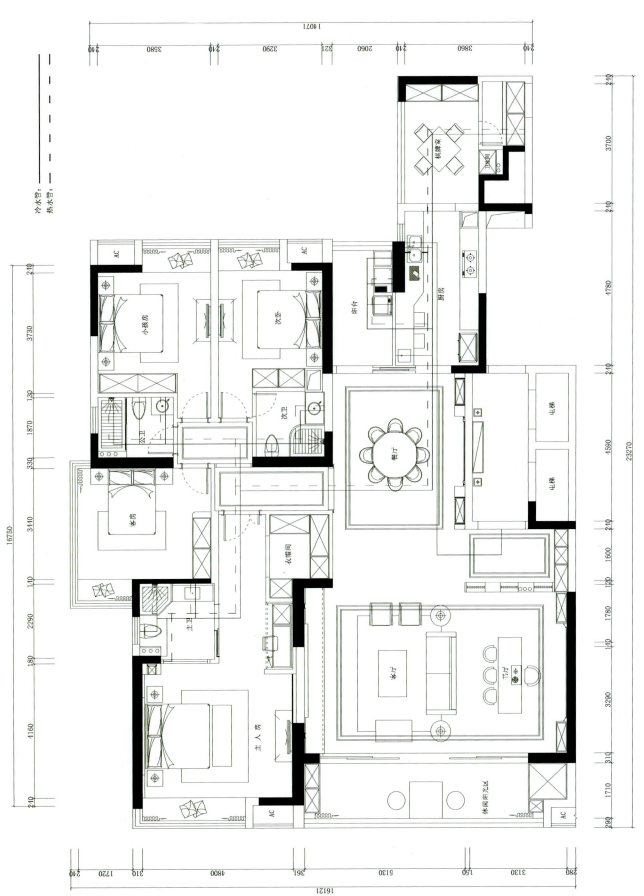

图 7-54　水路布置图

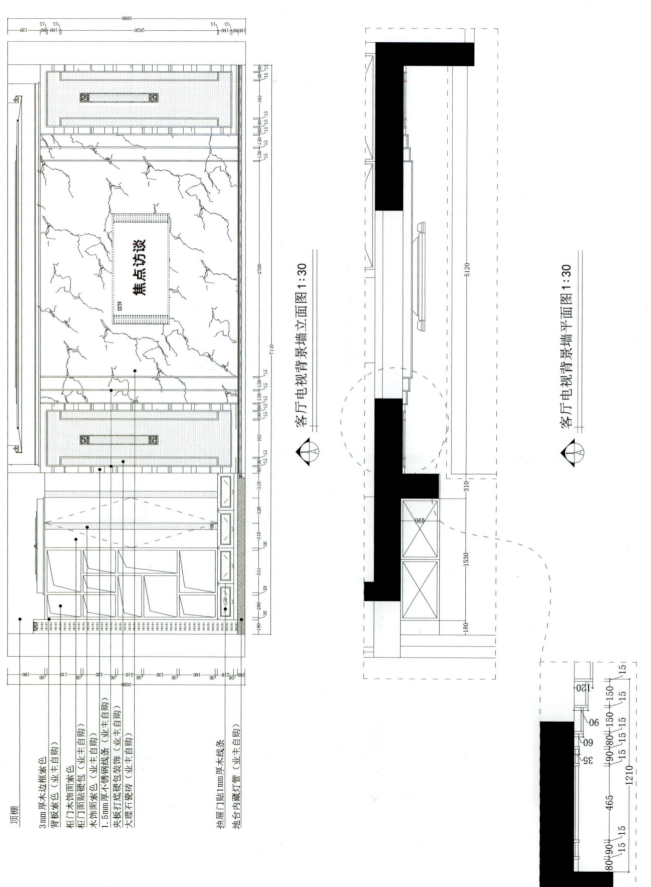

顶棚

3mm厚木边框索色
背板索色（业主自购）

柜门面贴硬包（业主自购）
木饰面索色（业主自购）
1.5mm厚不锈钢线条（业主自购）
夹板打底硬包装饰（业主自购）
大理石不瓷砖

抽屉门贴1mm厚木线条
地台内藏灯管（业主自购）

客厅电视背景墙立面图 1:30

客厅电视背景墙平面图 1:30

图 7-55 客厅电视背景墙立面图、平面图

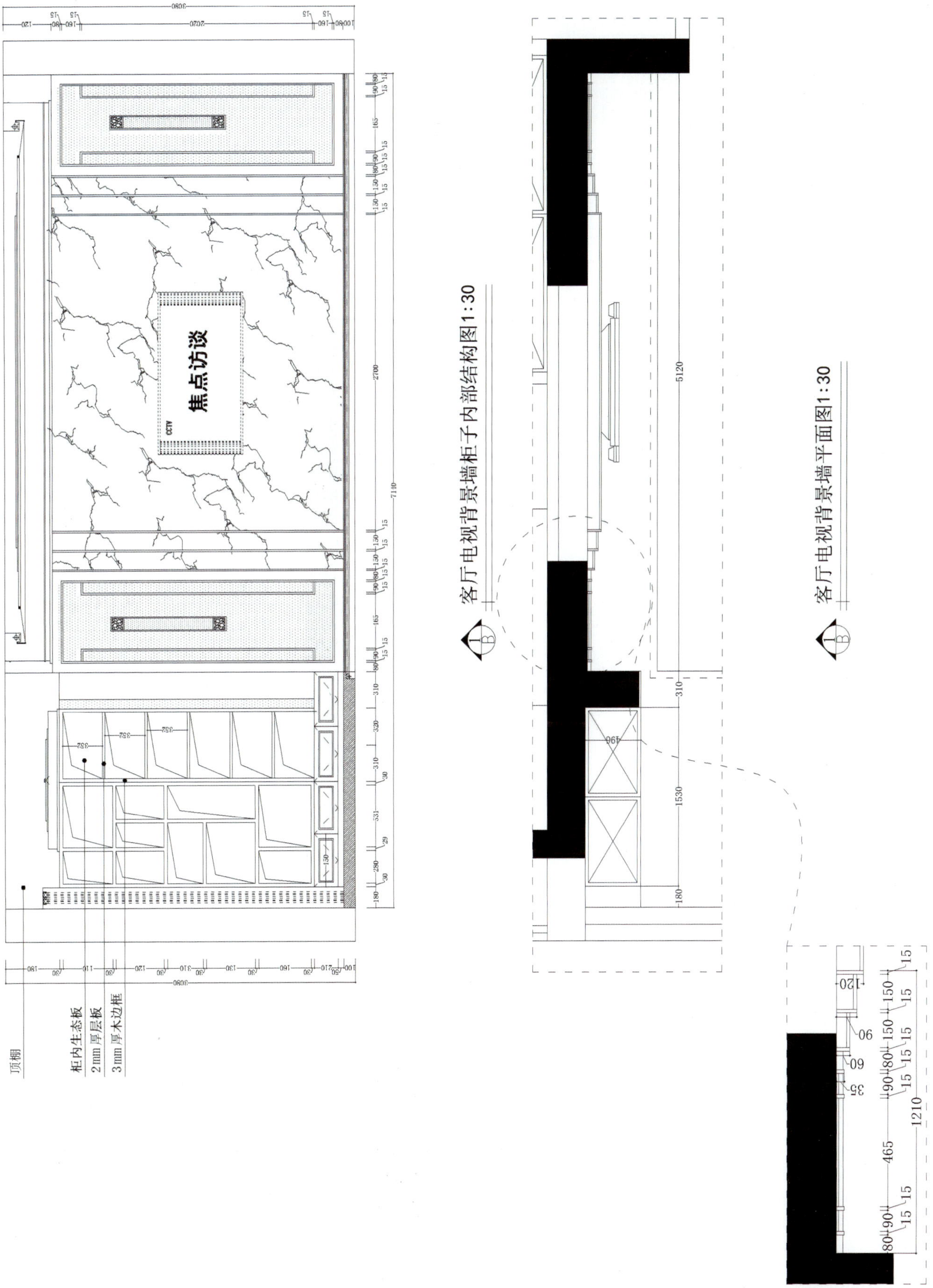

焦点访谈

CCTV

顶棚

柜内生态板
2 mm 厚层板
3 mm 厚木边框

客厅电视背景墙柜子内部结构图 1 : 30

客厅电视背景墙平面图 1 : 30

图 7-56 客厅电视背景墙柜子内部结构图和客厅电视背景墙平面图

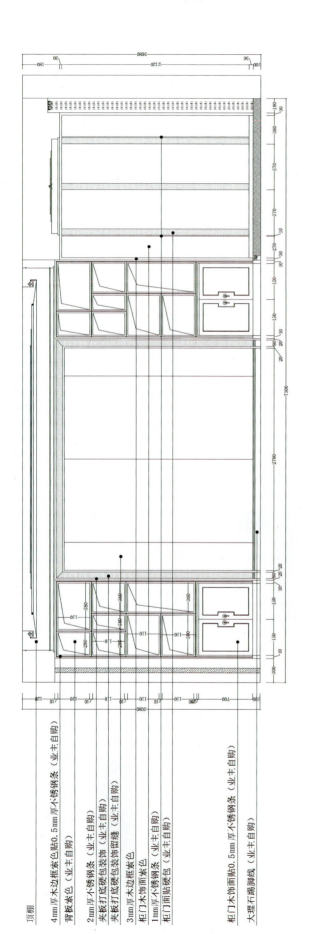

顶棚

4 mm厚木边框素色贴0.5 mm厚不锈钢条（业主自购）

背板素色（业主自购）

2 mm厚不锈钢条（业主自购）
夹板打底硬包装饰（业主自购）
夹板打底硬包装饰留缝（业主自购）

3 mm厚木边框素色

柜门木饰面素色（业主自购）
1 mm厚不锈钢条（业主自购）
柜门前贴硬包（业主自购）

柜门木饰面贴0.5 mm厚不锈钢条（业主自购）

大理石踢脚线（业主自购）

书厅背景墙立面图1:30

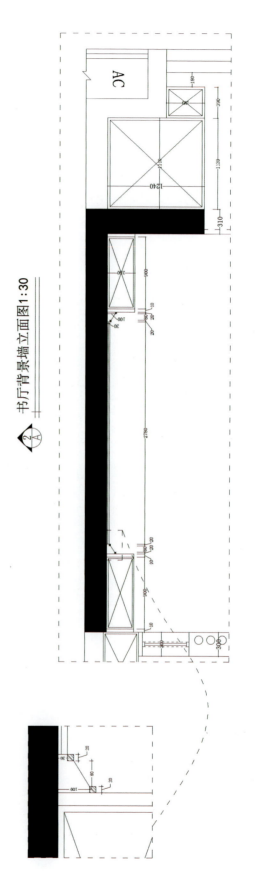

书厅背景墙平面图1:30

AC

书厅背景墙立面图、平面图

图 7-57 书厅背景墙立面图、平面图

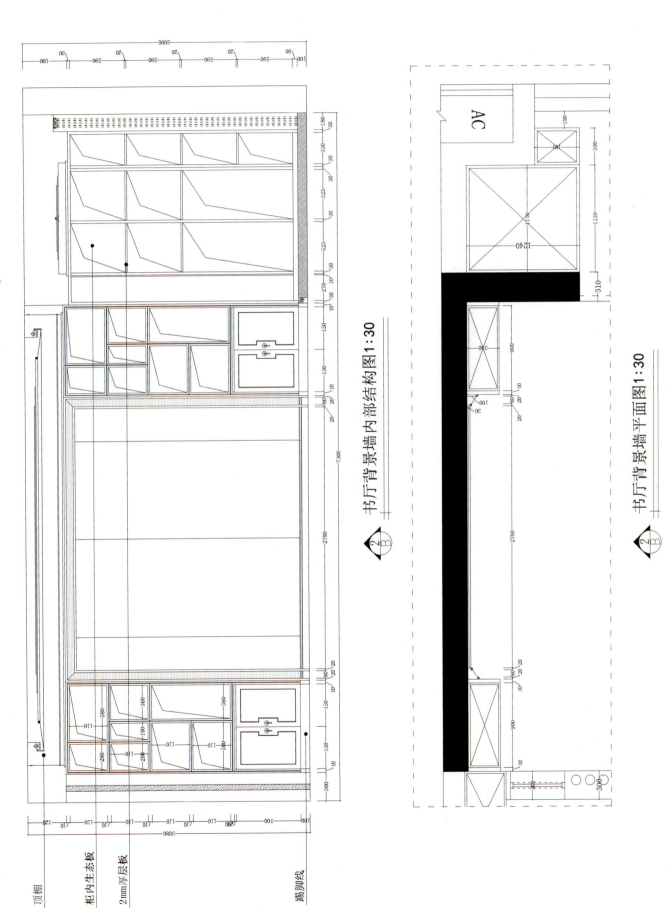

书厅背景墙内部结构图1:30

书厅背景墙平面图1:30

图 7-58　书厅背景墙内部结构图和书厅背景墙平面图

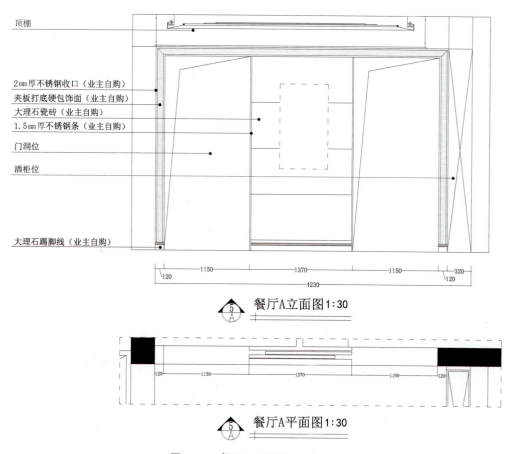

图 7-59 餐厅 A 立面图、平面图

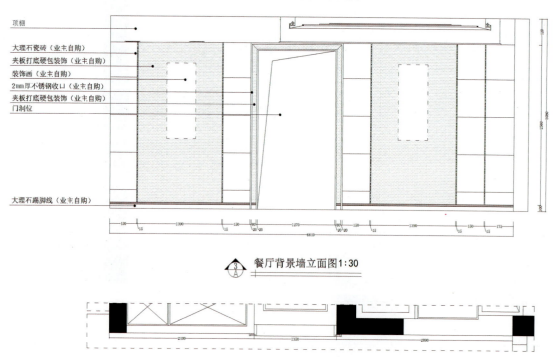

图 7-60 餐厅背景墙立面图、平面图

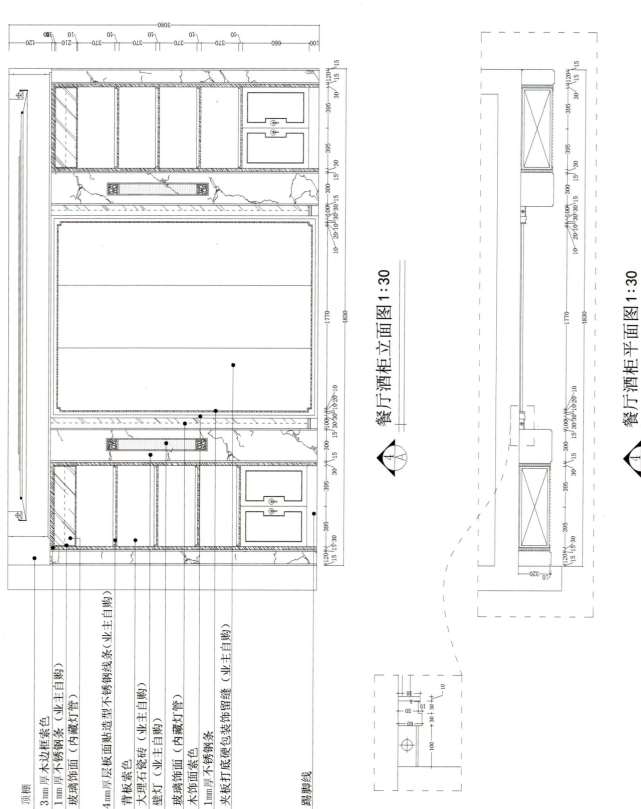

顶棚

3mm厚木边框架素色

1mm厚不锈钢条（业主自购）

玻璃饰面（内藏灯管）

4mm厚层板面贴造型不锈钢线条（业主自购）

背板素色

大理石瓷砖（业主自购）

壁灯（业主自购）

玻璃饰面（内藏灯管）

木饰面素色

1mm厚不锈钢条

夹板打底硬包装饰留缝（业主自购）

踢脚线

餐厅酒柜立面图 1:30

餐厅酒柜平面图 1:30

图 7-61　餐厅酒柜立面图、平面图

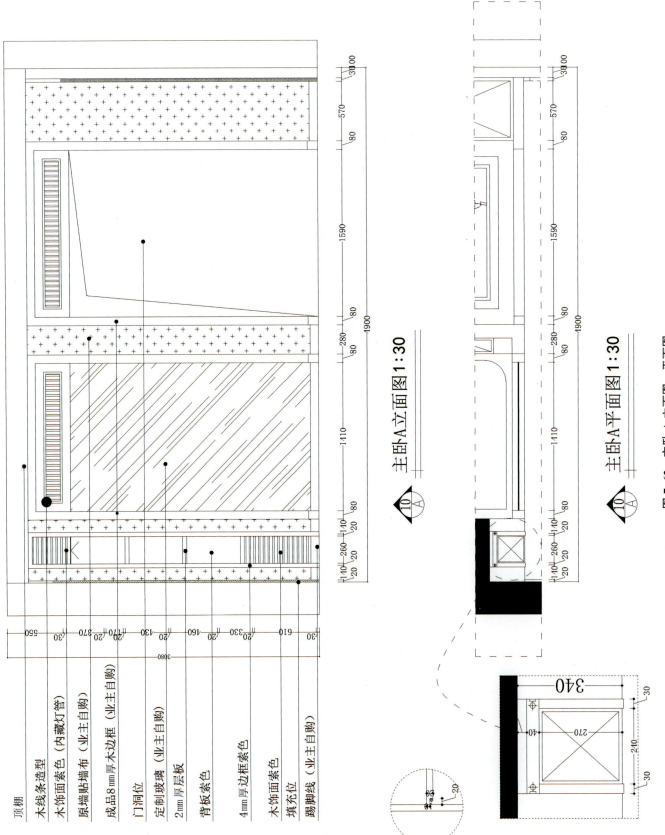

主卧 A 立面图 1:30

主卧 A 平面图 1:30

图 7-62 主卧 A 立面图、平面图

顶棚
木线条造型
木饰面素色（内藏灯管）
原墙贴墙布（业主自购）
成品 8 mm 厚木边框（业主自购）
门洞位
定制玻璃（业主自购）
2 mm 厚层板
背板素色
4 mm 厚边框素色
木饰面素色
填充位
踢脚线（业主自购）

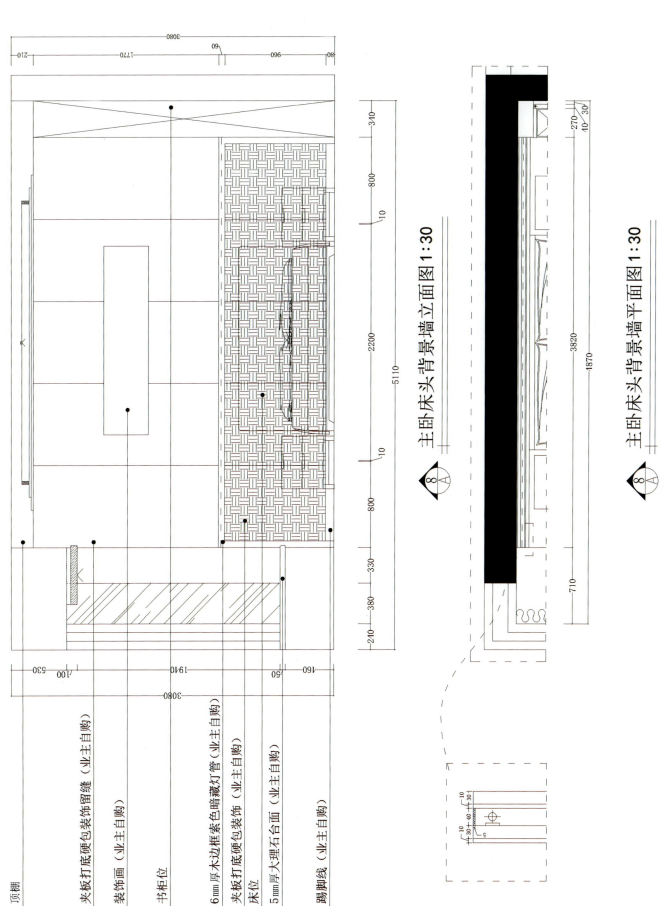

主卧床头背景墙立面图 1:30

主卧床头背景墙平面图 1:30

图 7-63 主卧床头背景墙立面图、平面图

顶棚

夹板打底硬包装饰留缝（业主自购）

装饰画（业主自购）

书柜位

6mm厚木边框素色暗藏灯管（业主自购）

夹板打底硬包装饰（业主自购）

床位

5mm厚大理石台面（业主自购）

踢脚线（业主自购）

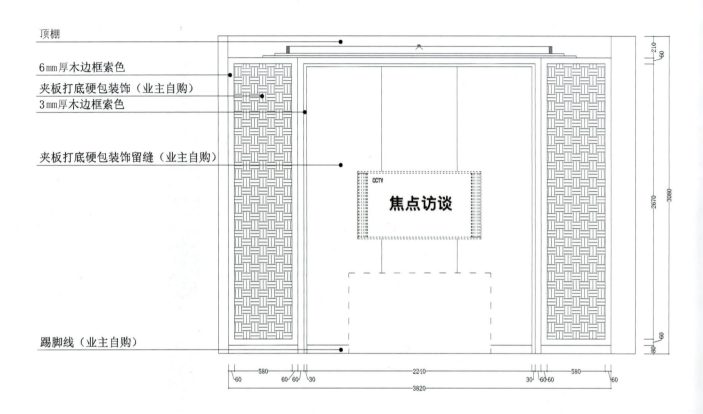

顶棚

6mm厚木边框索色

夹板打底硬包装饰（业主自购）

3mm厚木边框索色

夹板打底硬包装饰留缝（业主自购）

踢脚线（业主自购）

CCTV

焦点访谈

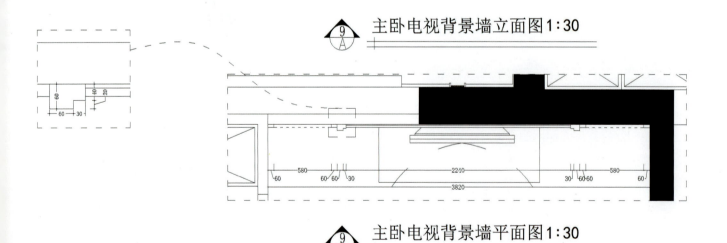

主卧电视背景墙立面图1:30

主卧电视背景墙平面图1:30

图 7-64   主卧电视背景墙立面图、平面图

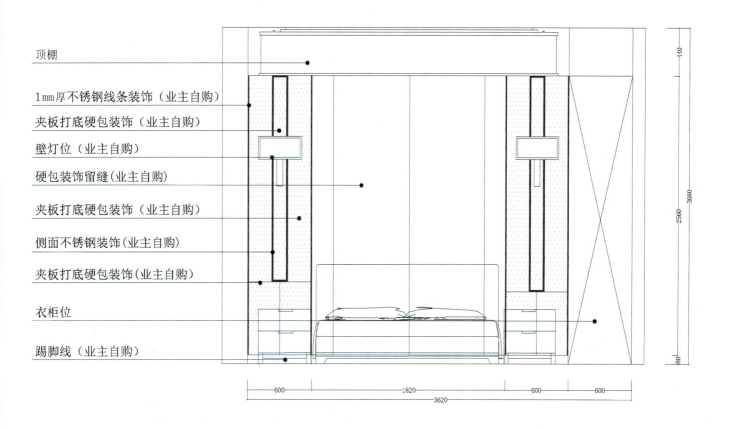

顶棚

1mm厚不锈钢线条装饰（业主自购）

夹板打底硬包装饰（业主自购）

壁灯位（业主自购）

硬包装饰留缝（业主自购）

夹板打底硬包装饰（业主自购）

侧面不锈钢装饰（业主自购）

夹板打底硬包装饰（业主自购）

衣柜位

踢脚线（业主自购）

 次卧床头背景墙立面图 1∶30

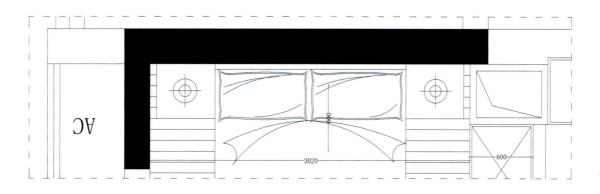

次卧床头背景墙平面图 1∶30

图 7-65　次卧床头背景墙立面图

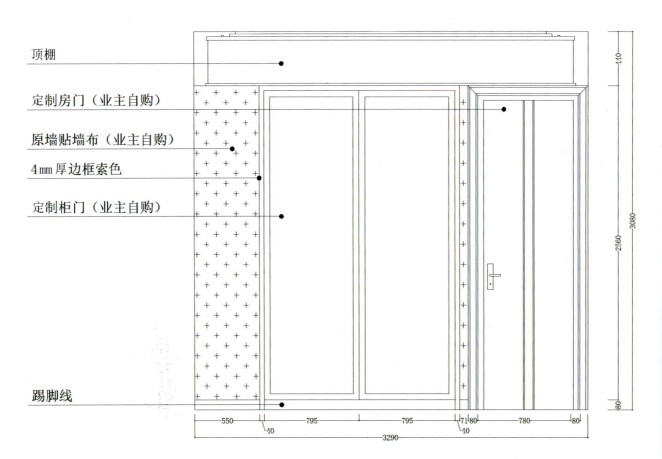

顶棚

定制房门（业主自购）

原墙贴墙布（业主自购）

4mm厚边框索色

定制柜门（业主自购）

踢脚线

次卧衣柜立面图1:30

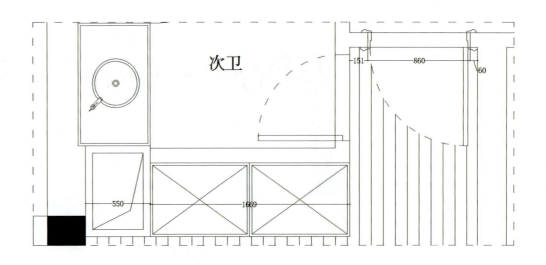

次卫

次卧衣柜平面图1:30

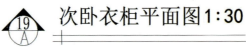

图7-66　次卧衣柜立面图、平面图

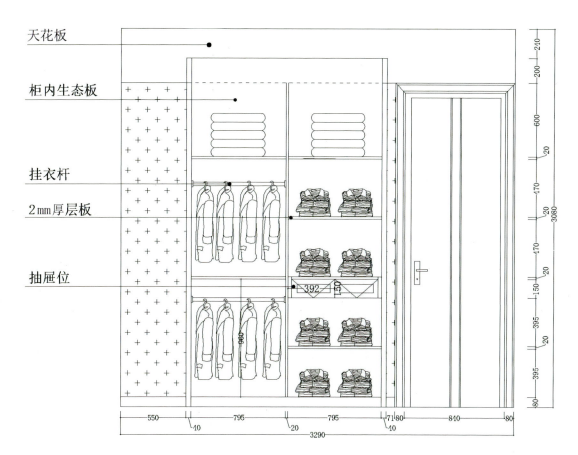

天花板

柜内生态板

挂衣杆

2mm厚层板

抽屉位

次卧衣柜内部结构图1:30

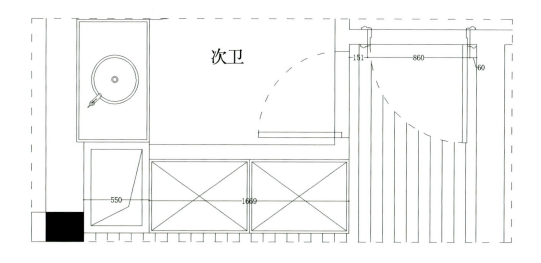

次卫

次卧衣柜平面图1:30

图 7-67　次卧衣柜内部结构图和次卧衣柜平面图

参考文献

［1］龚斌，向东文. 室内设计原理［M］. 2 版. 武汉：华中科技大学出版社，2021.

［2］潘吾华. 室内陈设艺术设计［M］. 3 版. 北京：中国建筑工业出版社，2013.

［3］王受之. 世界现代设计史［M］. 北京：中国青年出版社，2002.

［4］沈源. 家居精细化设计解剖书［M］. 北京：化学工业出版社，2017.

［5］尤呢呢. 装修常用数据手册：空间布局和尺寸［M］. 南京：江苏凤凰科学技术出版社，2021.

［6］家装设计速通指南编写组. 家装设计速通指南：居室风格详解［M］. 北京：机械工业出版社，2018.

［7］阳鸿钧. 家装常用数据尺寸速查［M］. 北京：化学工业出版社，2018.

［8］沈毅. 设计师谈家居色彩搭配［M］. 北京：清华大学出版社，2013.

［9］刘爽. 居住空间设计［M］. 2 版. 北京：清华大学出版社，2018.

［10］王勇. 室内装饰材料与应用［M］. 3 版. 北京：中国电力出版社，2018.

［11］王乃霞. 室内色彩设计［M］. 北京：化学工业出版社，2020.

［12］刘静宇. 居住空间设计［M］. 2 版. 上海：东华大学出版社，2020.

［13］理想·宅. 设计必修课：室内设计与人体工程学［M］. 北京：化学工业出版社，2019.

［14］理想·宅. 设计必修课：室内风格设计［M］. 北京：化学工业出版社，2018.

［15］汤留泉，等. 图解室内设计装饰材料与施工工艺［M］. 北京：机械工业出版社，2019.